石渠千秋

国家图书馆馆舍变迁

胡建平 著

国家图书馆出版社

图书在版编目（CIP）数据

石渠千秋 : 国家图书馆馆舍变迁 / 胡建平著. —
北京 : 国家图书馆出版社, 2023.12
ISBN 978-7-5013-7349-9

Ⅰ.①石… Ⅱ.①胡… Ⅲ.①中国国家图书馆—建筑
史—史料 Ⅳ.① TU242.3

中国版本图书馆 CIP 数据核字（2021）第 180023 号

书　　名　**石渠千秋——国家图书馆馆舍变迁**
　　　　　SHIQU QIANQIU——GUOJIA TUSHUGUAN GUANSHE BIANQIAN
著　　者　胡建平　著
责任编辑　张　颀
封面设计　项梦怡

出版发行　国家图书馆出版社（北京市西城区文津街 7 号　100034）
　　　　　（原书目文献出版社　北京图书馆出版社）
　　　　　010-66114536　63802249　nlcpress@nlc.cn（邮购）
网　　址　http://www.nlcpress.com
排　　版　北京旅教文化传播有限公司
印　　装　北京科信印刷有限公司
版次印次　2023 年 12 月第 1 版　2023 年 12 月第 1 次印刷

开　　本　710mm×1000mm　1/16
印　　张　21
字　　数　299 千字
书　　号　ISBN 978-7-5013-7349-9
定　　价　125.00 元

目录

图目录

前　言

我国图书馆建筑的发展经历了从古代藏书楼到近现代图书馆的漫长历程。《三辅黄图》记载："石渠阁，萧何造。其下砻石为渠以导水，若今御沟，因为阁名。所藏入关所得秦之图籍。至于成帝，又于此藏秘书焉。"说明在距今2000多年前的两汉时期就有了正式的国家藏书机构。此后，"石渠"便成为国家收藏图书典籍之所的专称。清末民初，西方公共图书馆理念开始在国内传播。1904年，清政府颁布执行《奏定学堂章程》，"图书馆"一词第一次被官方文件正式采用。至此，延绵数千年"重藏轻用"的古代藏书楼开始向"藏以致用"的近现代图书馆变革。1909年9月9日，清政府批准学部《奏筹建京师图书馆折》，标志着国家图书馆①前身——京师图书馆正式筹建。此后，一代代国家图书馆人与国家同呼吸、共命运，恪尽职守、务实创新，写就了百十年中国近现代图书馆事业从危殆中起步、在奋起中发展壮大的不朽篇章。而馆舍变迁历程无疑是其中浓墨重彩的一笔。

京师图书馆筹建伊始，由于政局动荡、财力不足，从1909年谋划在净业湖一带兴建馆舍到1912年暂借广化寺开馆，再到1917年搬迁至方家胡同国子监南学，又到1929年在中南海居仁堂办馆，一直居无定所。即便如此，每次搬迁的新址都更趋城市中心，且馆舍条件也较以前有较大改善。20世纪20

---

① 国家图书馆在不同历史时期有不同的名称。由1909年筹建时的京师图书馆，先后更名为国立北平图书馆、北京图书馆，1998年12月12日正式改称国家图书馆。

年代，“新图书馆运动”渐入高潮。为了彻底改变无立馆之基的不利局面，在有识之士的积极运作下，京师图书馆与中华教育文化基金董事会达成合办国立北平图书馆协议，双方共同兴建的文津街馆舍于1931年落成并开放。甫一建成，它便成为我国近代规模最大、设施最为先进的公共图书馆，我国的近代图书馆事业也由此步入了一段短暂的黄金发展期。抗日战争时期，为确保馆藏文献安全，袁同礼副馆长统筹协调国立北平图书馆实施了馆藏及馆务南迁计划，并在战时形成了昆明、北平两个基地，南京、上海、重庆、香港等多个办事处的组织格局。

1949年新中国成立，百废待兴。为缓解藏书和服务空间不足的困难，北京图书馆多管齐下扩充馆舍，建立了以文津街馆舍为中心，北海公园、西黄城根、柏林寺三处分馆共同发展的服务模式。改革开放以来，北京图书馆建设事业持续向好。20世纪70年代末到80年代，为完成周恩来总理的遗愿，一批具有开创精神的建设者，担负起引领中国图书馆事业由近代图书馆向现代图书馆转型发展的重要使命。他们积极学习西方发达国家现代图书馆建设的先进经验，以较高水准完成了北京图书馆白石桥一期馆舍的建设任务。一期馆舍于1987年10月正式开放。21世纪之交，国家积极实施“科教兴国”战略，北京图书馆更名为国家图书馆，并在21世纪的第一个十年期间建成了白石桥二期馆舍。二期馆舍秉持“以人为本”的设计理念，采用大开间、全开放的空间设计，赢得了到馆读者的喜爱；而同步建设的数字图书馆顺应了信息技术的发展，为广大读者搭建起了更为自由且不受时空限制的数字阅读平台。2010年，为打造交流空间，加强社会关联，国家图书馆以白石桥一期馆舍整体维修改造为契机，进一步拓展了服务内容和范围，如提供艺术教育、展览展示、讲座培训等服务。这不仅为这座地标性建筑注入了新的活力，同时也彰显了馆舍空间资源对图书馆事业未来发展的重要价值。2018年《中华人民共和国公共图书馆法》正式实施，这是中国图书馆事业发展史上的重要成果。它不仅有利于促进我国公共图书馆事业健康发展，保障人民群众基本文化权益，而且也明确国家图书馆除了具有公共图书馆的功能外，还承担国家文献信息战略保存等多项职能。借此东风，谋划 8 年的“国家图书馆国家文献战略储备库项目”于同年 4 月获国家批准。2021 年，为保护优秀建筑遗产，更好发挥馆舍空间作用，国家图书馆全面启动北平图书馆旧址保护规划编制工作，其核心工程“北平图书馆旧址修缮项目”也被列为《“十四五”文化和旅游发展规划》重点进行推进。国家图书馆基建事业将在新时代续写新篇章。

本书以时间为序，对国家图书馆馆舍变迁历程进行了全景式回顾。其中，对文津街馆舍以及白石桥馆舍一、二期工程的建设情况做了重点梳理，对国家图书馆常态化功能更新、院内园林设计等情况也做了扼要介绍。书中还配有两百多幅插图[①]，这些影像资料[②]与文字内容相辅相成，相信对读者更好地了解这段历史会有所帮助。

书名《石渠千秋——国家图书馆馆舍变迁》来源于国家图书馆文津街馆舍文津楼内天花藻井“石渠千秋”纹饰图案。这是中国营造学社创始人朱启钤先生的设计，它充分体现了社会各界对中国图书馆事业的由衷期盼——期盼图书馆成为一项利国利民的千秋事业。谨以此书向所有为图书馆建设事业添砖加瓦的前辈、同人致以最诚挚的敬意！

二〇二一年二月十四日初稿

二〇二三年一月二十四日修改

① 书中图片，如无特殊说明，均为著者所摄。

② 为方便读者阅读，书稿引用了一部分网络图片。虽经多方查证，但仍有个别图片难以在出版前确定版权归属，恳请相关权利人就版权后续问题与出版社联系。

事业初创
居无定所

1840 年鸦片战争爆发，西方列强用坚船利炮打开了我国国门，同时也惊醒了一批有识之士。以洋务运动为标志，朝野上下掀起了一股学习西方先进技术、壮大我国军事和经济力量的改革热潮[①]。但随后中日甲午战争的惨败，让有识之士更加清醒地认识到富国强民应在文化教育方面寻找长久之策。在此背景下，派遣学生赴日本及欧美国家学习，兴办新式学堂、改变传统科举教育格局，设立报馆、图书馆开启民智，成为共识。1896 年李端棻奏设藏书楼，1901 年徐熙年等安徽士绅创办面向社会开放的皖省藏书楼，1906 年罗振玉发表《京师创设图书馆私议》，1907 年两江总督端方奏建江南图书馆，等等。这些由民间和地方发起的图书馆建设行动直接推动了 1909 年晚清学部制定建设京师图书馆以及在各省一律开办图书馆的计划。

一、清末新政，创建京师图书馆

1909年9月9日，军机大臣张之洞抱病领衔上奏《奏筹建京师图书馆折》，清政府当日下旨准行，同意将热河文津阁《四库全书》及各殿藏书、内阁翰林院所藏《永乐大典》移送京师图书馆，并将馆址确定在京师净业湖暨汇通祠一带（现为北京什刹海地区西海湿地公园一带）。就京师图书馆选址以及建设计划，奏折中指出：

> 至建设图书馆地址，必须近水远市，方无意外之虞。前经臣等于内城地面相度勘寻，惟德胜门内之净业湖与湖之南北一带，水木清旷，迥隔嚣尘，以之修建图书馆，最为相宜，尤足以昭稳慎。拟于湖之中央，分建四楼，以藏《四库全书》及宋元精椠。另在湖之南北岸，就汇通祠地方，并另购民房，添筑书库二所，收储官私刻本、海外图书。勿庸建造楼房，以

---

① 李致忠.中国国家图书馆馆史（1909—2009）[M].北京：国家图书馆出版社，2009：2.

节经费。其士人阅书之室、馆员办事之处，亦审度地势，同时兴修。[1]

图 1-1　北京市什刹海地区西海湿地公园[2]

净业湖位于内城西北部，这里地广人稀，距离居民较为集中的正阳门、宣武门较远，交通十分不便。如果按照“近水远市”的标准，这里不失为理想的馆舍建设地址，但远离中心城区显然不利于士人学子使用。从建设计划看，学部更关注修建书库，且将重点放在保存国粹上，对于经世致用之书的收藏以及阅览空间的设置则一带而过。由此可见，对于当时的图书馆而言，保国萃、惠士林并非同等重要，而是有主次之分的。开办图书馆本是清末宪政改革中为救国图强而采取的一项革新举措，但在具体措施上仍然受制于以天一阁为母本的传统藏书楼建设观念，这也注定了我国近代图书馆事业不会一帆风顺。

与学部筹建京师图书馆的计划相比，罗振玉在《京师创设图书馆私议》中

① 北京图书馆业务研究委员会.北京图书馆馆史资料汇编（1909—1949）[M].北京：书目文献出版社，1992：4.

② 书中图片，如无特殊说明，均为著者所摄。

提出的举措就周全许多：

> ……图书馆宜建于往来便而远市嚣，不易罹火灾之处。规模宜宏大，约须用地四五十亩，预留将来推广地步。至建筑式样，宜调查各国成式而仿为之。其经费至少之数，约需一百万金。分三期筹备之，每三年为一期，九年而全部告成。每三年中筹三十三四万金，度支虽奇绌，尚不至难办也（并建筑及购书共计之）……[①]

倡议提到图书馆应交通便利，建设内容和具体功能应充分调研并效法欧美，以及要为未来发展预留余地等主张即使在今天仍具参考价值。罗振玉认为，京师图书馆的建设计划虽然宏大，但每年所需筹款数并不大，不算难办的事。但即将覆灭的清政府已没有财力和精力去推行京师图书馆建设计划。1910 年 11 月 17 日，京师图书馆借居净业湖附近的广化寺开始储存图书。根据定位，广化寺仅为京师图书馆暂行试办之地。在 1911 年 7 月呈报学部的宣统四年预算（文稿）中，京师图书馆申请了 5 万两用于购置馆地及修建馆舍，这虽然远低于罗振玉提出的“每三年中筹三十三四万金”的标准，但学部仍要求核减[②]，实际到账的仅有经常费一项，且比申报数少了2000多两，而购置馆地、修建馆舍等其他经费均没有得到批准[③]。在当时的社会环境下，京师图书馆的建馆计划已经很难成行，只好在广化寺谋划开馆事宜了。

---

① 李致忠.中国国家图书馆馆史资料长编（1909—2008）[M].北京：国家图书馆出版社，2009：18.

② 北京图书馆业务研究委员会.北京图书馆馆史资料汇编（1909—1949）[M].北京：书目文献出版社，1992：23-24.

③ 同②1120.

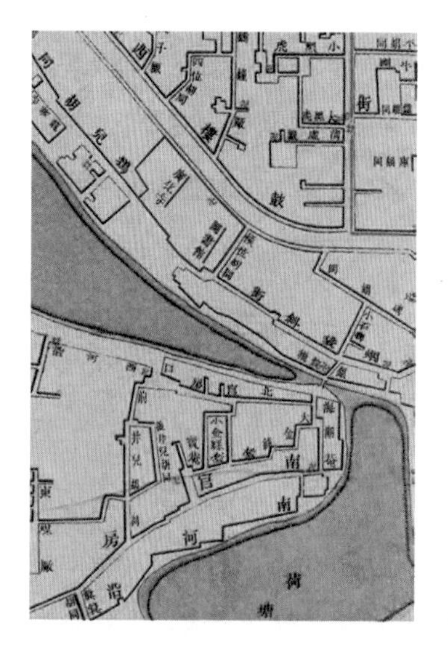

图 1-2　民国二年（1913）京师地图（部分）

二、民国时期，京师图书馆开馆

广化寺位于什刹海北岸，始创于元代，是当时京师的著名佛刹。全寺占地面积 20 余亩，除中路主体建筑外，东、西路还有若干房舍。从地图（图 1-2）可知，京师图书馆偏居寺庙东侧。1912 年清朝覆亡，中华民国成立，京师图书馆由教育部（即原清学部）接管。1912 年 7 月 14 日午后，上海商务印书馆庄俞先生与友人到访广化寺，并在时任馆长江瀚的陪同下参观了即将开馆的京师图书馆。他描述道：

屋既不多，卑狭而简陋，空气不充，决非适宜之藏书地。前进庋藏普通书籍，门扃未之入。入后进，则为善本珍藏室。正中三间，所谓八千余卷之唐人写经在焉。书架十余，有玻璃门，或且无门。……我国之有图书馆，由来已久。清代立四库，收藏颇富，且分置于奉天、热河、扬州、镇江、杭州，其意非不欲公之国民也。特其时士子困于帖括，不遑及此。且藏书偏于古而略于今，不合进化之时世，致成天然淘汰。今日之图书馆，岂可踵蹈前辙哉。要当古今并重，好自经营。不意以首都之地，而所谓图书馆者，简陋如是，是谁之咎欤。德国官立图书馆，藏书至三四千万册。英美之图书馆，亦动称千万册。每日入览者，恒数百人。而以京师图书馆较之，将自居于何地。不设观览室，不见观览人，入门则隶役慢客，入室则官气犹浓。吾知江君必有以改革而扩充之，然而改革可期诸江君，扩充则非江君力所能独为也。①

① 庄俞．我一游记[M].上海：商务印书馆，1936：91-93.

庄俞先生的失望之情，跃然纸上。但江瀚馆长并未气馁，一边清理旧藏，编制书目，拟定《京师图书馆暂定阅览章程》，一边因陋就简，筹设阅览室，一边催促教育部足额拨付开办经费。1912 年 8 月 27 日，京师图书馆筹备就绪，正式开馆售票供公众观览。馆舍条件虽然简陋，但这是中国图书馆界划时代的大事，它不仅是京师图书馆作为国家图书馆正式对外服务的开始，也是我国图书馆事业从传统藏书楼向近代图书馆迈出的重要一步。

然而，因位置偏僻，广化寺馆舍到馆读者数量很少。1913 年 10 月 29 日，教育部下令京师图书馆闭馆，另觅适宜馆址，以便改组扩充[①]。教育部佥事周树人[②]、主事胡朝梁等遵照部令将藏书按照目录检查装箱封锁，移到教育部保存。

图 1-3 今北京广化寺

① 李致忠.中国国家图书馆馆史（1909—2009）[M].北京：国家图书馆出版社，2009：18.

② 更广为人知的是他的笔名“鲁迅”。

图 1-4　1909 年广化寺所在的北京什刹海地区（张伯林　摄）

图 1-5　清学部衙门旧址（民国时期为教育部所在地，现址为北京市西城区教育街 1 号）

三、另辟分馆，对外开放

其实，江瀚馆长在广化寺馆舍开馆前便意识到馆址偏僻的问题，1912年8月26日，也就是京师图书馆正式开馆前一天，他曾专门向教育部建议应在合适的地方开办分馆：

> 惟此馆系借用广化寺之屋，不惟地址太偏，往来非便，且房室过少，布置不敷，兼之潮湿甚重，于藏书尤不相宜。虽暂时因陋就简，藉立基础，盖终非别谋建筑无以称名实而臻完备也。第当此财政艰难，大部亦岂能空言建设，然不可不预为规画，以待扩张。抑更有请者，现设之京师图书馆实属研究图书馆之范围，只足资学问家之便益。拟先于正阳、宣武二门适中之地设一分馆，略仿欧美通俗图书馆之制，除将馆内学者必须浏览之书分别择置外，再行添购各项杂志及新出图籍，既以引起国民读书之爱感，并藉副大部振兴社会教育之至意，所有一切开办事宜，容更详请……[①]

1912年12月9日，广化寺馆舍对外开放三个多月后，江瀚馆长再次向教育部提议应在南城适中之地设立分馆以方便读者，并为此申请了3.5万元用于购置建筑、图书以及书架，但1913年的预算并没有多少扩充。即便如此，江瀚馆长仍不断推进此事。1913年2月2日，京师图书馆在琉璃厂西门外前青厂一带（武阳会馆夹道）租妥了民房，共有18间房屋，房间虽略少了些，但地势较好，可以基本满足使用需要。为节省经费，馆员从京师图书馆总馆借调，不另外开支；经再三核减，开办费用为2290元，每月的日常费用为208元[②]。4月1日，京师图书馆新任馆长夏曾佑与鲁迅等人查看了京师图书分馆租赁的房屋。6

① 北京图书馆业务研究委员会．北京图书馆馆史资料汇编（1909—1949）[M]. 北京：书目文献出版社，1992：33-34.

② 同①39-40.

月，分馆试行开馆，供公众阅览[①]。1914年3月，庄俞先生再次参观了京师图书分馆，并做了详细记载：

> 入门，须购券，每张铜币二枚。先至接待室。凡馆内所藏图书目录，录于玻璃镜框中，分悬四壁，以吾目力约计之，现存书不过二千种左右。旧书占大多数，而经史等又占旧书之大多数。新书则寥寥，今日所谓致用之书尤尠。接待室之对面为阅书室三间，遍列桌椅，皆新制，高低合度。更入一院，左右相对各五间，厢屋二间。右入五间为藏书处，玻璃橱陈列整齐，形式一致，亦尚适用。首间与阅书室相接，洞其壁以为假书还书出入口。办事员即设案于洞之里面，布置尚简便。右屋五间，馆员膳食、卧室皆在焉。现在入馆阅览者，每日平均不满十人，而月费二百余元，均由本馆拨付，不甚充裕云。[②]

京师图书分馆分列目录室、阅览室和书库，馆舍规模虽不大，但业务流线较为清晰，具备了近代图书馆的基本特征。京师图书分馆在此地开办了一年时间，1914年6月，便迁至永光寺1号；1916年3月1日，又迁至香炉营四条西口一所洋楼重新开馆。香炉营四条的馆舍共有22间房，约330平方米[③]。根据1922年《教育公报》上刊登的广告记载，此时的京师图书分馆设有四个阅览室，可同时容纳百余人，并为妇女开辟了专门的阅览室，此外还设置了两间休息室，供饮茶、吸烟之用。读者来图书馆阅览图书和报刊仍要收取一定费用，但学生阅览报刊已不再收费。1924年7月，因教育部欠发经费，京师图书馆无力支付房租，又加之房主索要住房，京师图书分馆只好迁至宣内大街

---

①② 李致忠.中国国家图书馆馆史资料长编（1909—2008）[M].北京：国家图书馆出版社，2009：43.

③ 金沛霖.首都图书馆馆史[M].北京：北京市文化局；首都图书馆，1995：2.

路西抄手胡同口外京师通俗图书馆院内（现址为抄手胡同 64 号繁星戏剧村），与其同居一处，但分别办公和阅览。1925 年春，京师图书分馆又与通俗图书馆一起，迁至头发胡同 22 号，仍分别办公、借阅。

图 1-6　北京市西城区抄手胡同 64 号繁星戏剧村

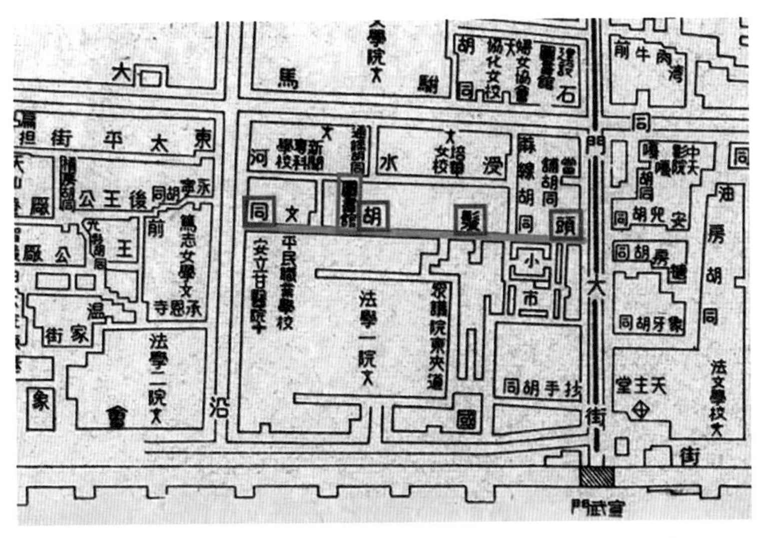

图 1-7　寄居头发胡同 22 号京师通俗图书馆的京师图书分馆

文化学者邓云乡先生在其中学时代（20世纪30年代末至40年代初）每周会与同学到这所图书馆两三次。他回忆道：

这所图书馆的建筑，是老式的大四合院房子，大门在南屋的东头，进大门对面是影壁，向左转过来，一排南房，是传达室、庶务课等等办公房屋，对着是大垂花门，垂花门两边，有存放单车的铁架子。垂花门的屏风门都拆掉了，站在门前可以把里面大院子一览无余。里院东屋是报纸阅览室，西屋是杂志阅览室，北屋五大间，有廊子，是大阅览室和借书处，书库在后院，北屋中间一间，后墙打通，连接书库，前面就是借书处的大柜台。①

与之前的馆址相比，这处馆舍的条件有了较大改观。首先是馆舍面积大了；其次图书的种类也多了且大多是通俗读物，阅览室还进行了细分；另外阅览图书已不再收费，而且还提供外借服务。京师图书分馆从1913年开办到1926年改由教育部直管历时14年，前后五易馆址，最终不得不与其他图书馆共处一室合办。究其原因主要是政局不稳、财政困难。但每次搬迁的地址始终在宣武门一带，除了方便居民使用外，与当时国会、教育部等国家机关以及许多外省会馆都在附近有一定关系。当时在教育部任职并具体负责图书馆事务的鲁迅先生也在附近居住，他因工作关系或者个人需要常来京师图书分馆以及通俗图书馆。在他的日记中，有许多相关记载。如鲁迅先生在1914年1月23日的日记中记载“教育部欲买石桥别业为图书馆，同司长及同事数人往看之”，在同年7月21日的日记中记载“午前同沈商耆往看筹边学校房屋可作图书馆不”②，应是他为京师图书馆寻找馆舍的具体例证。

---

① 邓云乡．文化古城旧事[M]．北京：中华书局，2015：198.

② 鲁迅．鲁迅日记：上卷[M]．北京：人民文学出版社，1976：82，101.

四、迁址方家胡同，重新开馆

在广化寺馆舍闭馆期间，京师图书馆的主要事务都转移到京师图书分馆，但寻找新馆舍的工作一直在进行。1915 年 6 月，教育部议定在京师安定门内方家胡同国子监南学旧址设立京师图书馆筹备处。国子监南学原为雍正九年（1731）朝廷拨给国子监教官和肄业生居住的住所，由于位置在国子监南部，便被称为“南学”。清末学部曾在此设立“初级师范学堂”，并对原有房屋进行了增建或修葺。民国初期，学堂外借的房舍陆续被教育部收回，到京师图书馆在此设立筹备处时，只有西偏一部分房屋仍被第十七小学占用[①]。老舍当时担任这所学校的校长，与京师图书馆多有往来。如今这所小学仍在原址开办，并更名为方家胡同小学。20 世纪 90 年代，在该校校园内发现了“京师图书馆”门楼石碑，后几经转手最终移交给国家图书馆保存。为记录这段历史，方家胡同小学在石碑发现处仿造了一座京师图书馆大门。

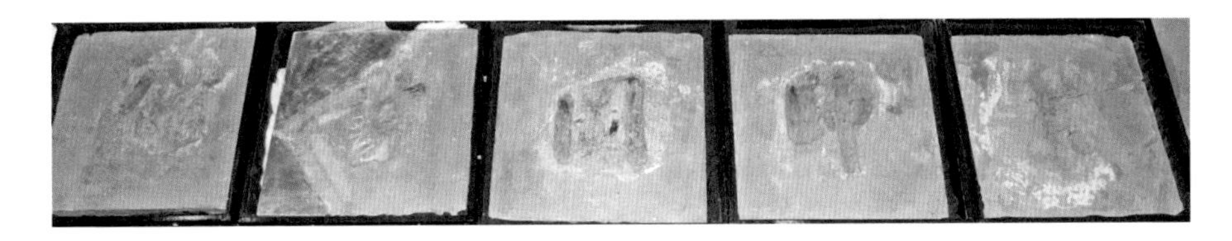

图 1-8　方家胡同小学内发现的京师图书馆石碑

民国初期，教育部为筹划京师图书馆在方家胡同开馆做了不少努力。首先，将此前以社会司司长身份兼任京师图书馆馆长的夏曾佑调整为专任馆长。其次，加大了索要文津阁《四库全书》的力度。早在奏建京师图书馆时，清政府便将文津阁《四库全书》拨归京师图书馆所有，但却迟迟未完成移交工作。京师图书馆为此多次与保存《四库全书》的内务部交涉，终于在 1916 年

---

① 北京图书馆业务研究委员会.北京图书馆馆史资料汇编（1909—1949）[M].北京：书目文献出版社，1992：1126.

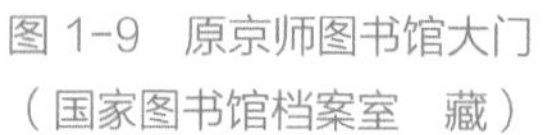

图 1-9 原京师图书馆大门
（国家图书馆档案室 藏）

图 1-10 方家胡同小学内仿造的京师图书馆大门

11 月，实现了书、架合璧入藏新址。与广化寺馆舍相比方家胡同的馆舍条件有了较大改观。据史料记载[①]，该处馆舍共有房屋 119 间，面积 2951.83 平方米。它们分布在被称为东南院、西南院、前院、中院、后院、西院的六个院落内。其中书库有 74 间房，面积为 2004.67 平方米，主要集中在中院和后院；阅览室有 3 个，分别为普通阅览室、特别阅览室和阅报室，集中布置在前院和西南院，占用 10 间房，面积 263.8 平方米；其他用作办公、装订、接待、厨房、住宿等的房屋，共计 35 间，面积为 683.36 平方米。这些房舍中有平房，也有楼房；有中式，也有西式。图 1-11 中国子监牌楼后的一座二层楼房应是京师图书馆当时用于储藏图书的场地。经过近一年半的筹备，1917 年 1 月 26 日，京师图书馆在方家胡同国子监南学旧址举行了开馆仪式，蔡元

① 北京图书馆业务研究委员会．北京图书馆馆史资料汇编（1909—1949）[M]．北京：书目文献出版社，1992：1096.

图 1-11　20 世纪 30 年代的国子监大街（赫达 · 莫里逊　摄）

培、鲁迅等参加了相关活动。次日，方家胡同馆舍开始售券阅览[①]。此次迁址，京师图书馆的馆舍条件虽有所改善，但馆舍偏僻、不便读者阅览的根本性问题并未得到解决。关心京师图书馆事业的庄俞先生在开馆之前，又一次参观了新馆舍。他预测说："亦非适中之地，他日开幕，观览者恐仍不能十分发达也。"[②]

---

① 李致忠. 中国国家图书馆百年纪事（1909—2009）[M]. 北京：国家图书馆出版社，2009：6.

② 李致忠. 中国国家图书馆馆史（1909—2009）[M]. 北京：国家图书馆出版社，2009：18.

二十六日
館紀念攝影

图 1-12　京师图书馆方家胡同馆舍开馆合影（国家图书馆档案室　藏）
一排左四高步瀛、左五蔡元培、右四陈任中、右五袁希涛
二排左三戴克让、左四夏曾佑、右三王丕谟、右四鲁迅

巧妇难为无米之炊，受制于财力，京师图书馆也只能做到这般了。与先前的馆舍相比，新馆址至少不用寄人篱下；房舍虽新旧不一、较为分散，但基本能满足藏书的要求，且阅览室也可按照几个大类提供给不同需求的读者使用。此后，政局更加动荡，国库更加空虚，教育次长、图书馆馆长频繁换人，到1925年，京师图书馆的日常经费积欠达20个月之久，馆员的薪俸也长期拖欠，更不用提修缮房屋和添置馆藏了。

五、一个未能实现的迁址计划

无论是在广化寺，还是方家胡同，京师图书馆最大的问题都是馆址太偏，不方便利用。在无力新建馆舍的情况下，争取将馆舍迁往更合适的地方是改善办馆条件最为现实的选择。1917年初，教育部便呈请将端门、午门一带设置为京师图书馆、历史博物馆馆址：

> 案查京师图书馆为典册之渊薮，系中外之观瞻，筹备历年，只以地址难觅，尚未正式开馆。海内人士，企望良殷，亟宜早日观成，以振学风而兴文化。兹查有端门、午门一带地方，位置适中，门楼高敞，于设立图书馆，收藏观览，均极相宜。现在共和时代，此项闳伟建筑废弃无用，殊为可惜。拟请将午门、端门两门楼及端门内左右旧朝房，一并拨给教育部，略事修葺，以午门楼为京师图书馆，端门楼为历史博物馆。将来网罗五洲之文献，搜藏四部之菁英。首善之区，覃敷文德，四方观听，万国具瞻，实于教育前途大有裨益。惟午门楼内原存旧刊经史书版甚夥，应挪存端门内旧日朝房，拟由内务部移交教育部，清查造册，令京师图书馆保管，期免散佚。所有端门内左右朝房计一百余楹，除存储旧书版暨两馆应用办公地方外，嗣后遇有公用时，仍得由两部商酌匀拨，随时应用。但端门、午门一带，在天安门以内，现在既拟设置图书馆及历史博物馆，阅览人数必多。并请将天安门及阙左阙右两门一律开放。至车马仍不得入内，另由该

图 1-13　改作国立历史博物馆的故宫午门（赫达 · 莫里逊　摄）

馆自备人力车辆来往其间，庶于便利交通之中，仍寓避绝尘嚣之意。[①]

1917 年 1 月 12 日，教育部的方案获时任总统批准。这是个极为妥善的方案，端门与午门一带不仅位置合适、规模庞大，而且也符合官方一直以来对图书馆选址应"近水远市"的要求。可惜受经费所限，该计划只实现了一半，位

① 李致忠.中国国家图书馆馆史资料长编（1909—2008）[M].北京：国家图书馆出版社，2009：50.

于国子监的历史博物馆搬到了新址，京师图书馆却没有搬成[①]。1918 年，京师图书馆以方家胡同馆舍偏僻为由，再次提出搬到午门城楼，遭到时任教育总长傅增湘否决。理由是“连年战乱，地拒冲要，易遭燹毁，不如原址幽僻”[②]。傅增湘是我国著名的藏书家，他在晚年将部分藏书捐给国立北平图书馆。傅增湘去世后，他的家人又把他的大部分藏书捐献给北京图书馆。傅增湘否决京师图书馆迁址一事，或许是他作为藏书家认为战火纷飞的年代，保存国粹比提供服务更为重要吧。

六、在公园筹办图书馆

中央公园、北海公园、中南海公园都曾经是明清两朝皇家的庙坛、宫苑与园林。民国时期，它们被逐步改作公园并对公众开放。这些私有空间转变成公共空间后，除了供市民休闲娱乐、强身健体，还被赋予了社会教育和政治集会等功能。因此，在公园内开设博物馆、图书馆、动物园成为民国时期的一种文化现象，而这些新型文化空间与茶馆、饭店、体育场等设施共同为新开放的公园积聚了极高的人气。

1914 年，在北洋政府内务总长朱启钤的主持下，故宫西侧社稷坛被改造成中央公园[③]。这是京师第一座公共园林，于 10 月 10 日正式开放。此后，为满足市民需要，园内又增添了不少新的景观和服务设施。1917 年 8 月 21 日，京师图书馆在中央公园后戟殿创立了“中央公园图书阅览所”，其中大殿 5 间作阅览之用，配房 7 间用于办公。该处阅览所后几易其名，直到 1928 年 11

① 吕章申 . 中国国家博物馆百年简史 [M]. 北京：中华书局，2012：10.

② 李致忠. 中国国家图书馆馆史资料长编（1909—2008）[M]. 北京：国家图书馆出版社，2009：51.

③ 1925 年 3 月 12 日，孙中山先生逝世，其灵柩曾在园内拜殿停放，举行公祭。为纪念这位伟大的民主革命先驱，1928 年中央公园改名为中山公园。

月，更名为“北平特别市革命图书馆”拨交北平特别市接管[①]。邓云乡先生曾回忆说：“这里是读书的好地方，平时人极少；房屋高大，朝南，冬日阳光充足，夏日空气清爽，后面就是柏树林，遥望紫禁城，环境极佳。”[②]邓先生来这里读书应是20世纪30年代末的事，与阅览所相对幽静的环境相比，前一时期的中央公园特别是公园南部区域则特别热闹。鲁迅先生在京师生活时是这里的常客，单是1924年5月，他便来了六回，有时是看展，有时是和朋友来喝茶，有时是为了写作上的事。而1931年中国营造学社与北平图书馆在公园水榭联合举办的圆明园文物和文献展，仅三天时间便吸引了上万人前来参观。可以说，民国时期的公园已经成为北平文化生活的重要公共交流空间。

图1-14　中山公园后戟殿

① 金沛霖．首都图书馆馆史［M］．北京：北京市文化局，首都图书馆，1995：338.

② 邓云乡．文化古城旧事［M］．北京：中华书局，2015：198.

1925 年 5 月，当得知北海将改作公园并对外开放后，京师图书馆立即提请政府拨北海官房用于图书馆开办总馆[①]。该计划虽未实现，但却被一个更为宏大且一劳永逸的计划取代，这就是与具有美国背景的中华教育文化基金董事会（以下称中基会）合办国立京师图书馆。能够结合使用需求建设图书馆且有资金保障，这是京师图书馆梦寐以求的事。因此，双方很快签订了合作协议。可惜好事多磨，其时的北京政府教育部连协议规定的基本义务都无力承担（详见第二部分“二度合作 共建新馆”），导致双方合作暂缓，中基会不得不自行筹划图书馆开办事宜。1926 年 3 月 1 日，中基会独自创设的北京图书馆在北海公园正式成立，梁启超、李四光被聘为正、副馆长，馆舍便是当时为筹办国立京师图书馆而租借

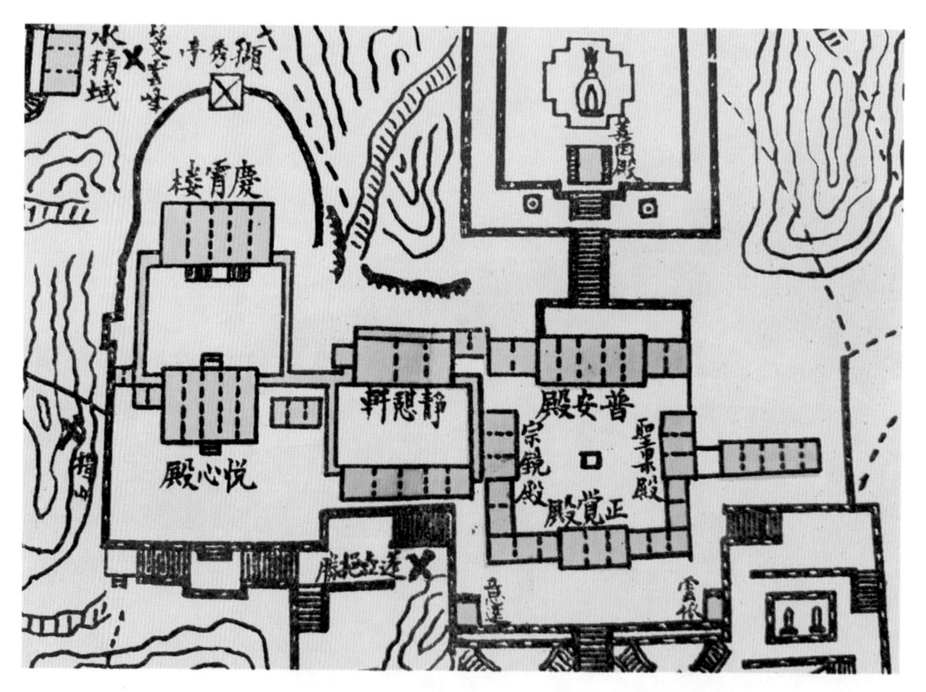

图 1-15 北海公园琼岛平面图（1925 年北海公园全景地图部分）

① 北京图书馆业务研究委员会.北京图书馆馆史资料汇编（1909—1949）[M].北京：书目文献出版社，1992：119.

的房舍，包括琼岛上的普安殿、静憩轩、悦心殿、庆霄楼等地。这是三个并行相连的院子：居东的普安殿院落应为书库；中间的静憩轩用作办公；西侧悦心殿与庆霄楼围合成的院落，环境明朗疏阔，设置阅览室最合适不过。1927 年 1 月 16 日，北京图书馆正式开馆接待读者。因为经费有保证，图书馆将主要精力放在文献建设和读者服务上，且各项业务都取得了不俗的成绩。这段短暂的办馆经历也为不久后双方再次合办图书馆并步入一段黄金发展期积累了有益的经验。

图 1-16　北京图书馆馆员在北海公园馆舍庆霄楼前（国家图书馆档案室　藏）
左一金裕洲、左二徐崇岗、左三毛宗印、左四陈恩惠、左五王树伟、左六赵广文、左七梁廷灿、左八刘国钧、左十一赵万里、左十三贾芳、左十四张志仁、左十五关泽霖

七、国民政府时期，馆舍再迁

1928 年 5 月北京政府垮台，南京国民政府接管。6 月，北京更名为北平。

图 1-17　国立北平图书馆中南海公园居仁堂馆舍大门——宝华门（国家图书馆档案室　藏）

位于方家胡同的国立京师图书馆由战地政务委员会接收并封闭，仅开放一部分普通图书继续供公众阅览。7 月，国民政府大学院派员接收，并通知旧国立京师图书馆更名为北平图书馆，隶属于大学院。大学院接管后，聘陈垣、马裕藻、马衡、陈懋治、黄世晖五人为筹备委员组成北平图书馆筹备委员会，负责该馆改组和筹备工作。筹备委员会认为方家胡同馆舍位置较偏，读书人往来不便，且房舍狭隘陈旧，房间分散，对阅览和保存管理藏书都不利；提出应择适中位置设为新馆，并将即将开放的中南海公园房舍作为新馆开办地址予以重点考虑。经筹备委员会踏勘比较，择定瀛台以及居仁堂为备选地点。鉴于瀛台房舍的修理费需五六万，而居仁堂建筑尚新，有避火设备，较利于藏书，且修理费只需 5000 元，包括还欠、迁居、修理、印目录、置备等费用在内筹备费约 25000 元①，因此，筹备委员会向大学院建议将中海居仁堂作为北平图书馆新馆地址。

居仁堂建成于 1904 年，是一座二层西式楼房。它由前后两部分组成，前楼原名海晏堂，后楼名为庆安堂；建造时模仿圆明园海晏堂的式样，建筑顶部以及窗框外，均有欧式的雕花装饰；窗棂或镶以彩色玻璃，或饰以西洋花

图 1-18 国立北平图书馆中南海公园居仁堂馆舍（国家图书馆档案室 藏）

① 李致忠.中国国家图书馆馆史资料长编（1909—2008）[M].北京：国家图书馆出版社，2009：65.

卉；门前也有一座装有十二生肖兽首铜像的报时水池。该建筑建设耗资500余万两白银，建成后主要用于接待、宴请外国女宾。慈禧太后曾在此举办过多次外交活动。1911年，清帝逊位。袁世凯当权后在此办公居住。在此期间，前后楼间增建上下两层的中廊以方便联系，并将合为一体的两楼改名为居仁堂。冯国璋执政时，又把居仁堂改做家属住宅。曹锟执政时在延庆楼办公，居仁堂成为他妻妾们的住房。段祺瑞执政时期，居仁堂则作为关税会议的场所。

1928年8月，国民政府同意将居仁堂全部及附近喜福堂、增福堂、来福堂、欢喜庄、果树园一带拨归国立北平图书馆使用。其中，果树园是主体建筑西侧的一大片空地，这是筹备委员会特意为图书馆将来增建馆舍预留的发展建设用地。11月下旬，国立北平图书馆开始从方家胡同搬迁。

图1-19 国立北平图书馆中南海公园居仁堂馆舍门厅（国家图书馆档案室 藏）

图 1-20　国立北平图书馆中南海公园居仁堂馆舍开馆合影（国家图书馆档案室　藏）
一排左四陈垣

图 1-21　国立北平图书馆中南海公园居仁堂馆舍阅览室（国家图书馆档案室　藏）

图 1-22　国立北平图书馆中南海公园居仁堂馆舍书库（国家图书馆档案室　藏）

1929年1月10日，国立北平图书馆在居仁堂举行开馆典礼，陈垣报告国立北平图书馆的沿革和藏书情况，前任馆长江瀚发表演说。仪式结束后，各界来宾参观馆舍，居仁堂测绘图作为礼物被分赠给参加典礼的各位嘉宾。由该测绘图可知，馆区总体可分为东西两路。东路第一进便是由前后两楼组成的居仁堂，主要布置《四库全书》库房、善本库房、研究室、新书整理室以及阅览室。由居仁堂北侧经一垂花门，是并列的两个四合院，且各有两进，主要有办公室、会议室以及职员住室。从居仁堂后楼西侧出，可达馆区的西路建筑。西路前院为增福堂，后院是来福堂，都作为书库使用。公众来馆阅读，可由中南海公园西苑门西行，进图书馆宝华门到达馆区东路前院。此后，考虑到公众需先缴纳公园门票才能入馆看书多有不便，便将入馆大门改在西侧的果树园，这样公众就可不经公园而免费入馆了。由于居仁堂曾是多位总统的府邸，因此"游人如织，咸趋居仁堂欲一入瞻仰其胜；于是贩夫，走卒，村妪，孩提，负者，携者，前呼而后应，延颈而立，翘足而望，候于门，及息于阶石，以待入室者，尤更仆而难数。自宣统二年以来得未曾有之盛况。亦嘉话也。"[①] 国民政府统治时期，国立北平图书馆财务状况并没有多大好转，再加上政府在南京筹建中央图书馆，国立北平图书馆的地位大不如前。因此，开馆几个月后，重新划归教育部管辖的国立北平图书馆与中基会再续前缘，继续商讨合作办馆，具体情况将在下文详细介绍。

① 北京图书馆业务研究委员会.北京图书馆馆史资料汇编（1909—1949）[M].北京：书目文献出版社，1992：1217.

二度合作 共建新馆

1929 年，国民政府教育部与中基会合作建设的北平图书馆新馆便是现在的国家图书馆文津街馆舍，它也被称为国家图书馆古籍馆。该馆舍位于北海西岸，1931 年建成，当时被誉为“东亚最美图书馆”。2006 年，它作为近现代重要史迹及代表性建筑，以“北平图书馆旧址”之名入选全国重点文物保护单位。2017 年，又入选第二批“中国 20 世纪建筑遗产”名录。

图 2-1　北平图书馆旧址入选全国重点文物保护单位（国家图书馆档案室　藏）
左起：闫仲秋、谢辰生、罗哲文、单霁翔

一、合作缘起

北平图书馆新馆的建设缘起于中基会的提议。1924 年该会经中美两国政府商议设立，旨在保管及处置美国第二次退还庚款。首届中基会组成人选由中美两国政府分别遴选推荐，共十五人[①]。中方十人为颜惠庆、顾维钧、施肇基、

① 李致忠 . 中华教育文化基金董事会与国立京师图书馆 [J]. 国家图书馆学刊，2008（1）：6-10.

范源濂、黄炎培、蒋梦麟、张伯苓、周诒春、丁文江、郭秉文；美方则推选杜威（John Dewey）、孟禄（Paul Monroe）、顾临（R. S. Greene）[①]、贝克（J. E. Baker）、贝纳德（C. R. Bennett）五人[②]。

1925年6月2日—4日，中基会在天津裕中饭店召开了第一次年会。年会选举颜惠庆为董事长，议定该会管理的基金应用于：①发展科学知识，及此项知识适于中国情形之应用，其道在增进技术教育，科学之研究，试验，与表证，及科学教学法之训练；②促进有永久性质的文化事业，如图书馆之类[③]。1925年6月—9月，中基会就建设图书馆的具体事项进行了多次讨论。中基会认为，教育部原有的京师图书馆所藏的中文书籍十分丰富，且多是善本，只是因馆址偏僻，条件简陋，导致阅览不便。如果中基会和教育部能合办图书馆，并择适宜的地方建筑馆舍，则旧馆书籍既得善藏之所，而新馆亦可腾出一部分经费为购置他种图书之用[④]。经与教育部商议，双方于1925年10月22日订立了《合办国立京师图书馆契约》。该契约规定，由教育部与中基会合组成立国立京师图书馆委员会，主持一切建馆事宜；教育部与中基会会定馆址，由教育部无偿拨为建筑图书馆之用；建筑设备费由中基会承担，总计一百万元，分四年向（国

---

① 顾临1881年生于美国，毕业于哈佛大学，1907年作为美国外交官来中国工作。1914年，洛克菲勒基金会派出中国医学考察团，全面调查中国医学状况，以决定未来在华战略。顾临接受洛克菲勒基金会邀请，参加了中国医学考察团，并开始成为洛克菲勒基金会在华医学事业的骨干成员。1914年底，顾临辞去驻华外交官职务，受聘为洛克菲勒基金会驻华医社主任，负责在华发展医学教育。顾临先后与麦克林、胡恒德一起主持了北京协和医学院早期建设工作，1922—1927年任北京协和医学院董事会秘书，1928—1935年任北平协和医学院代理校长，1924—1947年任中华教育文化基金董事会成员。

② 曹育．中华教育文化基金董事会与中国现代科学的早期发展[J]. 自然辩证法通讯，1991（3）：33.

③ 中华教育文化基金董事会．中华教育文化基金董事会第一次报告[R]. 北京：中华教育文化基金董事会，1926：3.

④ 北京图书馆业务研究委员会．北京图书馆馆史资料汇编（1909—1949）[M]. 北京：书目文献出版社，1992：1139.

立京师图书馆）委员会付清；双方各承担一半的经常费……[①] 1925 年 11 月 5 日，双方依约成立由范源濂、周诒春、任鸿隽、陈任中、高步瀛、徐鸿宝、胡适、翁文灏、马君武九人组成的国立京师图书馆委员会。委员会委任梁启超、李四光为国立京师图书馆正、副馆长，租用北海公园的庆霄楼等作为临时馆地，抽调京师图书馆部分职员组成国立京师图书馆筹备处，开始筹建工作[②]。

图 2-2　中华教育文化基金董事会第一次年会合影

左起：张伯苓、顾临、丁文江、颜惠庆、周诒春、范源濂、黄炎培、蒋梦麟、贝纳德、顾维钧、贝克、孟禄[③]

---

① 李致忠.中国国家图书馆馆史资料长编（1909—2008）[M].北京：国家图书馆出版社，2009：59-60.

② 同①61-62.

③ 中华教育文化基金董事会.中华教育文化基金董事会第一次报告[R].北京：中华教育文化基金董事会，1926.

然而，因时局艰难、财政支绌，教育部在履行契约上存在较大困难，这主要体现在三个方面：一是不能按照契约规定，及时拨付图书馆建设用地；二是京师图书馆因长期拖欠员工薪资，导致员工不同意将馆藏图书移交给新组建的国立京师图书馆委员会；三是不能按时拨付经常费。国立京师图书馆委员会拟定 1925 年每月的经常费为 5000 元，教育部应承担 2500 元，但迟迟没有拨付[①]。1926 年 2 月，中基会致函教育部，声明在教育部未能履行契约前，应暂缓实行契约，原先计划建设的图书馆暂由中基会独力办理，并改名为北京图书馆。1926 年 3 月 1 日，北京图书馆正式成立，由范源濂、任鸿隽、周诒春、张伯苓、戴志骞五人组成的北京图书馆委员会为其管理机构[②]。原定的一百万元建筑设备费，仍由中基会分四年支付[③]（详见 41 页表 2-1）。

二、依伴公园，确定馆址

根据教育部与中基会订立的合办图书馆契约，馆址用地应由教育部无偿拨用。1925 年 10 月，教育部提交国务会议请拨北海公园西南方之旧御马圈以及养蜂夹道迤西旧操场空地作为国立京师图书馆建筑之用地，得到了批准[④]。该地块明代时为皇家禁地玉熙宫；清代成为皇城内厩，用于豢养御马；民国时期为军部管辖的军营和操场。按照常规经验，工程选址是颇费周折的事，但双方合作不久，即确定了新馆建设地址，这与京师图书馆此前的工作有很大关系。合办前一年，时任总统曹锟曾发布大总统令，指出京师图书馆位于方家胡同的馆舍地方偏远，规制未闳，图书馆作为文明之府、学问之源，应择定适中地址

---

① 北京图书馆业务研究委员会 . 北京图书馆馆史资料汇编（1909—1949）[M]. 北京：书目文献出版社，1992：134.

② 李致忠 . 中国国家图书馆百年纪事（1909—2009）[M]. 北京：国家图书馆出版社，2009：11.

③ 李致忠. 中国国家图书馆馆史资料长编（1909—2008）[M]. 北京：国家图书馆出版社，2009：74.

④ 同①134.

营建馆舍[①]。京师图书馆得知北海公园开放的消息后，便立即向当局请拨北海公园官房作为图书馆总馆。正是这次际遇，让合作双方都认为在积聚极高人气的北海公园周边建设肩负教化民众使命的图书馆十分合适。然而，上述两个地块得来却并不容易。首先是旧御马圈地块（图 2-4 中标注“北京图书馆建筑地址”处），约 48 亩，先是被陆军部出售给了首善医院，后由中基会出资 2 万元赎回，1926 年 4 月获得陆军部发放的用地执照。而后，该地块又被奉军占用，几经交涉，奉军拒不交还，直到 1928 年 6 月，奉军战败退出北京，才被收回。其次是养蜂夹道迤西公府旧操场空地地块，约 26 亩，也一直被军队占用，直到 1928 年 12 月，才办理完成土地注册手续[②]。需要指出的是，国务会议批准的图书馆建设用地是提供给合办的国立京师图书馆使用的，双方的

图 2-3 1901 年新馆建设场地鸟瞰（普莱桑上尉 摄）

---

① 李致忠.中国国家图书馆馆史资料长编（1909—2008）[M].北京：国家图书馆出版社，2009：52.

② 同①101-104.

合作暂缓后，中基会利用原址继续进行新馆建设，首先需要征得教育部同意，其次在办理土地手续时还必须由教育部经手并提供必要的协助。由此可见，在此期间，尽管合作暂缓，但双方仍本着继续合作的意愿共同推进新馆建设任务。

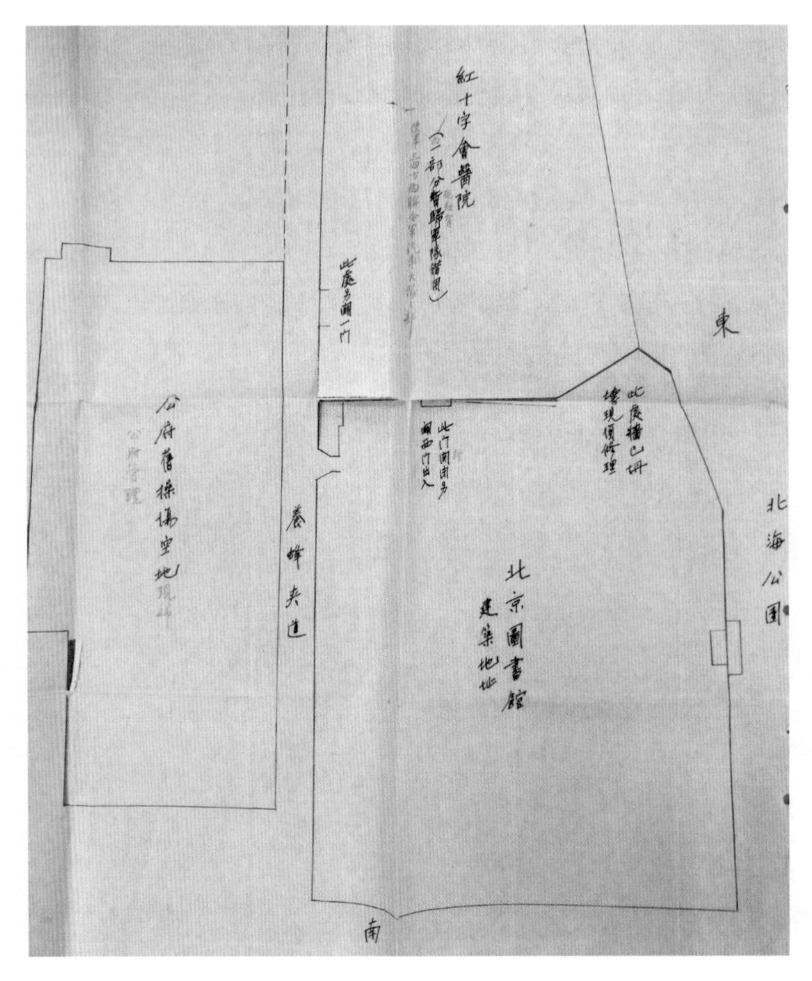

图 2-4　图书馆建设用地平面图（国家图书馆档案室　藏）

表 2-1　图书馆新馆建设管理机构变化情况表

时间	管理机构	成员	备注
1925年11月—1926年2月	国立京师图书馆委员会	范源濂（委员长）、周诒春、任鸿隽、陈任中、高步瀛、徐鸿宝、胡适、翁文灏、马君武	中基会与北洋政府合办；梁启超、李四光分别担任国立京师图书馆正、副馆长
1926年3月—1927年6月	北京图书馆委员会	范源濂（委员长）、任鸿隽、周诒春、张伯苓、戴志骞	中基会独办；梁启超、李四光分别担任北京图书馆正、副馆长
1927年7月—1927年8月	北京图书馆委员会	周诒春（委员长）、任鸿隽、李四光、张伯苓、戴志骞、袁同礼	中基会独办；范源濂、袁同礼分别担任北京图书馆正、副馆长
1927年9月—1929年7月	建筑委员会	范源濂（委员长）、周诒春（委员长）、李四光、戴志骞、袁同礼、安那（Conrad W. Anner）	中基会独办；范源濂1927年12月去世，此前他任委员长，之后，应有一次改组，增选戴志骞为委员，由周诒春任委员长
1929年8月—竣工	建筑委员会	周诒春（委员长）、任鸿隽、丁文江、戴志骞、刘复、孙洪芬、袁同礼	中基会与国民政府合办；蔡元培、袁同礼分别担任国立北平图书馆的正、副馆长

三、明确遴选办法，确定设计方案

在落实建设用地的同时，设计方案征选工作也在积极筹备。图书馆为此做了两方面的准备，一是编制设计任务书，二是确定建筑式样。国家图书馆保存有一份《国立京师图书馆内部计划说明书》，从内容看，便是今天惯称的设计任务书。该说明书由戴志骞先生草拟。戴志骞担任过清华学校图书室主任、北京图书馆协会会长，参与了新图书馆运动；赴美国学习期间，获得图书管理学士学位，走访考察了欧美十多个国家的图书馆。可以说，他对国内图书馆的现状，以及欧美图书馆的使用功能和运作模式都较为熟悉，由他承担该工作十分合适。这份说明书不仅详细介绍了国立京师图书馆的总体体量、建筑样式、使用功能及建设指标，而且还对图书馆内部的业务流程、书库内书架的排布方案及藏书量的测算方式、各阅览室的规模及布局等内容做了重点描述。说明书还特别指出建筑后面要留有空地，以便为今后增建书库创造条件。与此同时，委员会还丈量了基地[①]，绘制了场地图，并委托北京长老会建筑师丁恩氏（S. M. Dean）拟绘设计草图。丁恩氏提出两种图样，一种是中国式的，一种是希腊式的。两种图样都能适合现代图书馆的需要，且建筑费也不超出预算范围。为了确定新建筑式样，委员会进行了几次审议[②]。中基会的主要成员以及梁启超等时任北京图书馆主要领导都参与了讨论。各位成员具体赞成哪种式样因缺少史料不易判断，但“与环境调和”被记录在案，这应是各方达成一致意见并最终决定采用宫殿式的重要因素。而在说明书中对此有更加明确的表述：“馆屋外表及屋顶可采中国固有之宫殿式；屋顶宜铺黄色琉璃瓦与北海一带之宫殿建筑相符合。”[③]

准备工作结束后，设计方案征选工作正式开始。这是我国最早一批采用公开方式遴选设计方案的国家级公共建筑项目。委员会决定聘请顾问拟定征选建筑方案的条例。在中基会，特别是顾临先生的帮助下，1926 年 7 月，委员会获得洛克菲勒基金会驻华医社（China Medical Board of the Rockefeller Foundation）[④] 同意，聘请其建筑师安那担任本项目建筑顾问。安那出生于德

---

① 由于养蜂夹道迤西旧操场空地地块得来较晚，此次丈量基地应仅限于养蜂夹道迤东的旧御马圈地块。

② 北京图书馆 . 北京图书馆第一年度报告 [M]. 北京：北京图书馆，1927：4.

③ 国家图书馆档案室藏 1949 年前基建档案。

④ 洛克菲勒基金会驻华医社于 1914 年由洛克菲勒基金会创立。该会负责创建并运营北京协和医学院，其工作一直延续至 1950 年。

国，有长期在美国建筑师事务所从业的经历。1919 年 6 月安那来到北京，任该医社建筑师，主持并完成了北京协和医学院几个建筑的加建工程[①]。安那接受委托后，参酌美国建筑师学会（The American Institute of Architects，AIA）前例，拟订了《北京图书馆征选建筑图案条例》。该条例经委员会数次审议修改，于 1926 年 11 月 15 日成稿[②]。条例分 4 个章节对所有主、参赛者、建筑顾问以及审查会的职权、给奖原则及报酬、注意事项、设计任务、契约等内容做了详细规定。条例指出，限于时间原因，征选采用邀请方式，但在 1926 年 12 月 20 日以前有愿参赛者，仍可以请求加入，征选方案应在 1927 年 2 月 20 日前交付建筑顾问。条例要求建筑投资每平方尺不得少于国币四角，总数以此计，不得超过国币四十万元，而机电设备投资、奖金及建筑师酬金不在该数范围内。条例规定所有主承认设立审查会，审查会会员由美国建筑师学会选定，给奖之权由审查会评定，其决定即为最后决定；审查会应在审查报告中叙明其选择获奖图案的理由、其他图案等次之理由；此项报告及获奖者姓名应交建筑顾问，由其通知各参赛者[③]。

此次征选约定应募者 21 人，其中中国 11 人，欧美 10 人。1927 年 3 月，共有 17 位参赛者递交了图样，他们均是在国内执业的中外工程师或建筑公司[④]。参赛者有：Carl J. Anner、S. S. Chao、“Kwan，Chu&Co.”、Lamb Brothers、Continental Corporation of China、P. G. Lee、Robert Fan、Leth-Moller&Co.、Walter Frey、Seng Li-Yuen、S. T. Peh、Gunn & Dean、S. Q.Wong & F. T. Lau、Elliott Hazzard、T. K. Yu & Y. C. Chu、F. H.

① 赖德霖，伍江，徐苏斌，等.中国近代建筑史：第三卷[M].北京：中国建筑工业出版社，2016：49.

② 北京图书馆.北京图书馆第一年度报告[M].北京：北京图书馆，1927：4.

③ 同②22-23.

④ 中华教育文化基金董事会.中华教育文化基金董事会第二次报告[R].北京：中华教育文化基金董事会，1927：14.

Kales[①②]。在北京图书馆委员会的监督下，建筑顾问安那对递交图样进行了启封、编号等工作。他依照《北京图书馆征选建筑图案条例》规定，初步审查了图纸，并完成了《北京图书馆征选建筑图案建筑顾问报告》供审查会参考。报告指出，所有参赛者均能与条款适合，只是建筑面积与要求稍有出入，经董事会同意，对于此点略做变通，在该阶段不需特别在意。在报告中，安那还特意对建筑周边的环境做了详细叙述：

> 所拟兴筑之基地邻接于北海。北海在前清时代为清室游憩之所，今已改为公园，有最要之通衢经过其南，是以东南两面之建筑尤须特别注意。正门应从南入，而东面实为北海西岸风景中之一部，一览附送之地图自知其地段之重要。公园与故宫距离甚近，其大宫殿与四隅之角楼均可一览无余。兹并附送故宫侧影之影片，以便揣想此区域各建筑之形式。[③]

1927 年 3 月 29 日，北京图书馆委员会固封图样作者姓名，将图样合装于一木箱内，由北京寄往美国建筑师学会。为避免蒙受损失，委员会还特别办理了邮件免验护照[④]。同年 6 月，美国建筑师学会收到了图样。该会推选顾理治（Charles A. Coolidge）、亚特里氏（W. T. Aldrich）、伊墨逊氏（W. Emerson）3 人组成审查会评定方案，并推选顾理治担任审查会主席。顾临先生为方案征选工作提供了不少帮助。建筑顾问安那在 1927 年 3 月 30 日写给美国人查尔斯・巴特勒（Charles Butler）的信件中提到，由三位成员组成审

---

① Metropolitan Library. Metropolitan Library Competition[M]. Tientsin-Peking：Peiyang Press，1928：13.

② 这份名单来自 *Metropolitan Library Competition* 一书，中文译名为《北京图书馆设计竞赛》。书中记载了上述 16 位参赛者名单以及最终获奖的方案。与前面提到的 17 位参赛者递交了图样稍有出入。该文献由郭松林先生提供参考，在此向其表示感谢。

③ 北京图书馆 . 北京图书馆第一年度报告 [M]. 北京：北京图书馆，1927：34.

④ 参见国家图书馆档案藏 1949 年前基建档案。

查会的安排特别好，他相信正在美国纽约的顾临会直接过问此事；安那对顾理治当选十分高兴，他曾在顾理治负责的建筑师事务所工作过 7 年时间，并受益匪浅[①]。而从 1927 年 7 月 25 日顾临写给北京图书馆委员会委员长周诒春的信件中，也可看出一些端倪。顾临信中提到审查会成员伊墨逊氏正好在欧洲旅行，要等到 9 月才能返回；如果审查工作急于开展，可以让顾理治另推荐一位成员代替。最终，委员会同意了顾临的意见，由顾理治请哈佛大学建筑学院学长伊杰尔教授（G.H. Edgell）会同审查。审查会用了 3 天时间共同研究，又由个人分别审查。8 月 24 日，顾理治电告第 8 号图案获首奖，第 15 号、第 1 号及第 5 号各获二、三、四奖。当即启封作者姓名：获首奖者为莫律兰氏（Leth-Moller & Co.），获第二奖者为 Gunn & Dean，获第三奖者为 S. Q. Wong & F. T. Lau，获第四奖者为安诺氏（Carl. J. Anner）[②]。

审查会详细报告于当年 9 月寄到北京。报告认为：

> 第 8 号之图案颇能将现代图书馆之需要与中国宫殿式之建筑互相调和。而支柱与屋顶完全用中国式，且所有支柱悉能直达于基础。各部之布置对于全体规模及各部间相互之关系均可嘉许。各室光线复优，平台虽极显著而有特色，但不妨害光线亦无过广多费之病。研究室之布置，使其直接于书库尤其特长。
>
> 馆长室、副馆长室、会计室及庶务室之地位皆有最好之光线与便利。展览室与纪念室相连结甚有利益，如此布置则纪念室无论何时皆可以关闭而不妨碍图书馆事务之进行。此设计之缺点在新闻阅览室之过小，此在重加研究时可以修正也。又书库与阅览室、目录室颇远，似亦可指摘者。但此项不便，可以其他部分之布置合宜偿之。

---

① 参见国家图书馆档案藏 1949 年前基建档案。

② Metropolitan Library. Metropolitan Library Competition[M]. Tientsin-Peking: Peiyang Press，1928：13.

利用书库之地下室充印刷所等用虽于书库为适宜，而较用其为书库使其基础直达于地下者略嫌费昂。但全建筑之立方积既有预算之数，则虽稍昂当有余款可用也。

审查会以为目录室分置于穿堂之左右实不便利，似宜牺牲完全对等式，而以目录柜置于一方并可侵入此方阅览室之一部以充之，至对方目录柜之地位则可归入于阅览室。类此之小变动及改正，在全建筑中亦尚有应略加商榷者。实则此图案之优点为审查会之最赞许者则在其弹性随所布置，便于将来之扩充均有伸缩之余地，而光线之富尤其特长。[①]

此外，报告也对其他三个获奖方案做了评价。15 号方案在宫殿建筑与图书馆功能结合方面设计较好，但内部布置不如 8 号方案，比如将出纳台设在大堂便极不合理；书库的立面设计也不如其他方案。1 号方案的立面图与剖面图画得很动人，但对于远近的表达不准确；平面图近方形，更接近欧风不似中国式；室内的光线较弱；阅览室布置局促且天井很小，不利于空气的流通。5 号方案设计虽巧妙，但过于复杂，难以满足图书馆将来扩充的需要；方案中设置了过多小庭院，导致书库布置较为分散不利于使用。在未获奖的各方案中，审查会特别提到了第 12 号方案，认为该方案的宫殿式建筑外观最为悦目，且书库与建筑各部的关联也最好，但室内采光存在致命的缺陷。

此前寄往美国的竞赛图案也于 1927 年 9 月寄回，1928 年 2 月收到。1928 年 3 月 15 日—17 日，依照征选条例规定，竞赛图案在中基会陈列展览。中基会将获奖方案制成铜版，附以征选条例及审查会报告印为 *Metropolitan Library Competition*（《北京图书馆设计竞赛》）一书，一并分赠给参赛者及中外各学术团体[②]。

① 北京图书馆．北京图书馆第二年度报告［R］．北京：北京图书馆，1928：28-31.
② 同①3-4.

图 2-5　8 号方案外立面图①

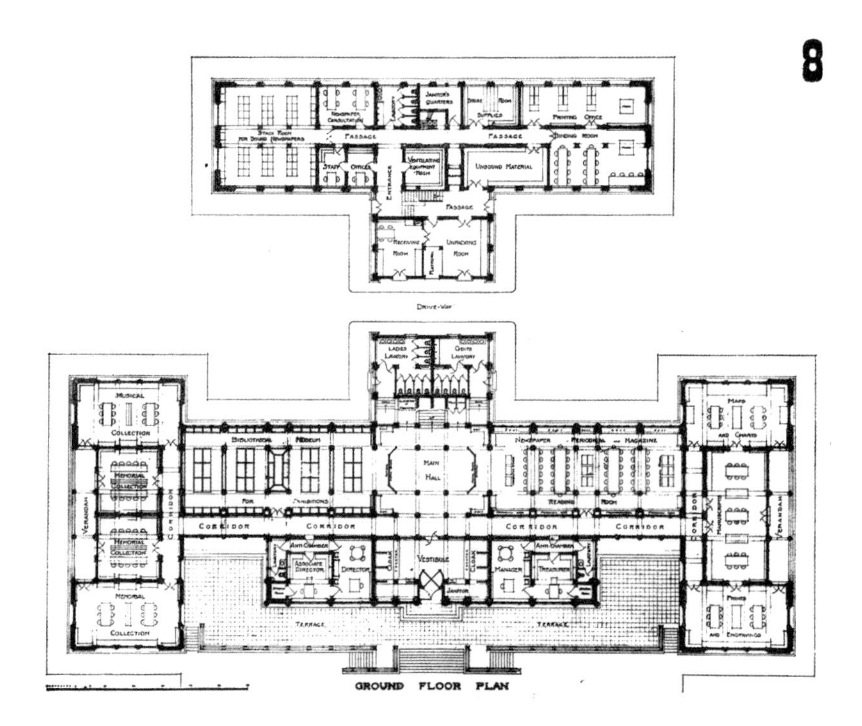

图 2-6　8 号方案平面图

① Metropolitan Library Competition[M]. Tientsin-Peking：Peiyang Press，1928：15.

图 2-7　15 号方案外立面图[①]

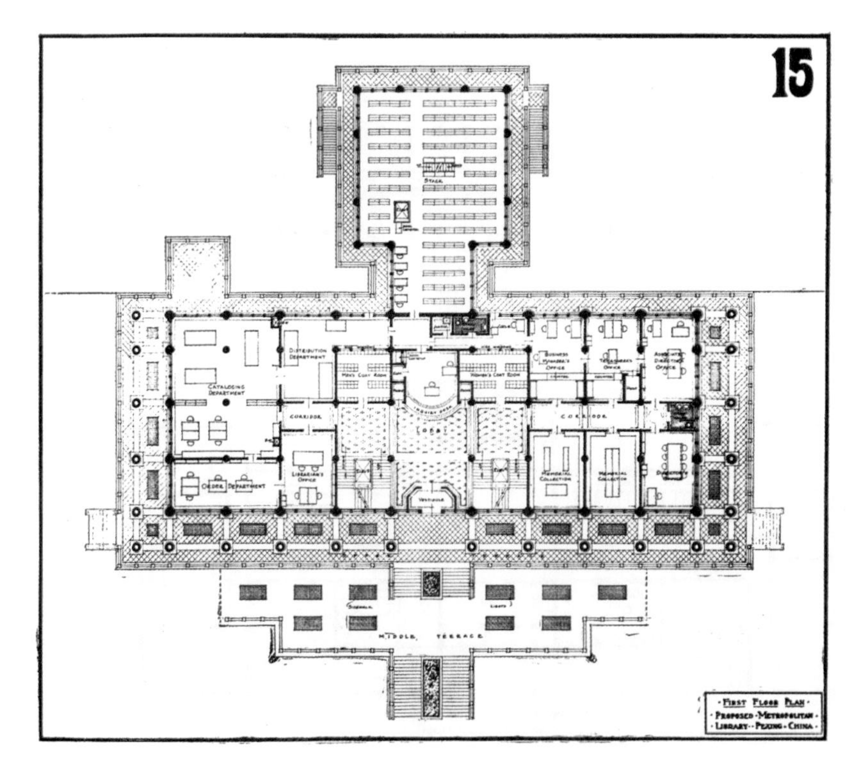

图 2-8　15 号方案平面图

① Metropolitan Library Competition[M]. Tientsin-Peking：Peiyang Press，1928：25.

图 2-9　1 号方案外立面图①

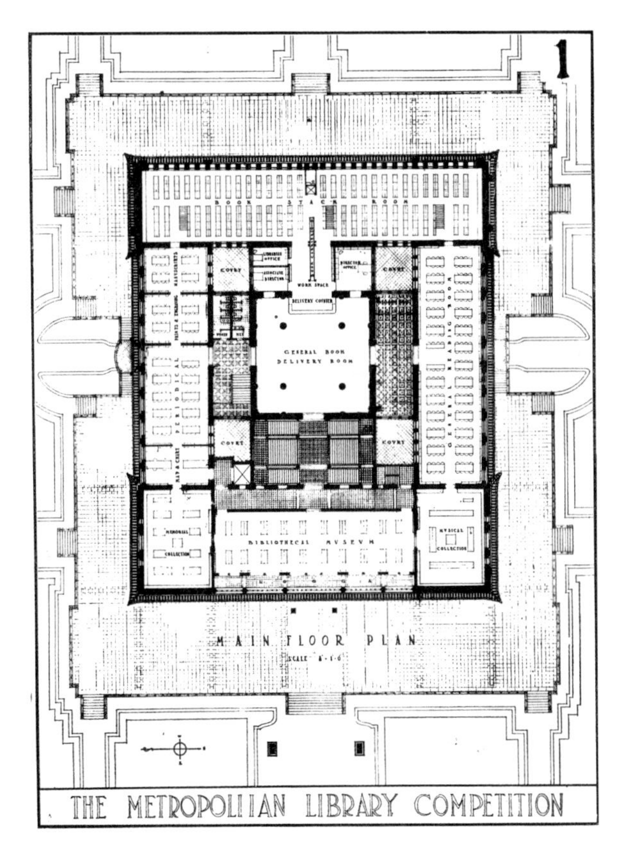

图 2-10　1 号方面平面图

① Metropolitan Library Competition[M]. Tientsin-Peking：Peiyang Press，1928：33.

图 2-11　5 号方案外立面图[①]

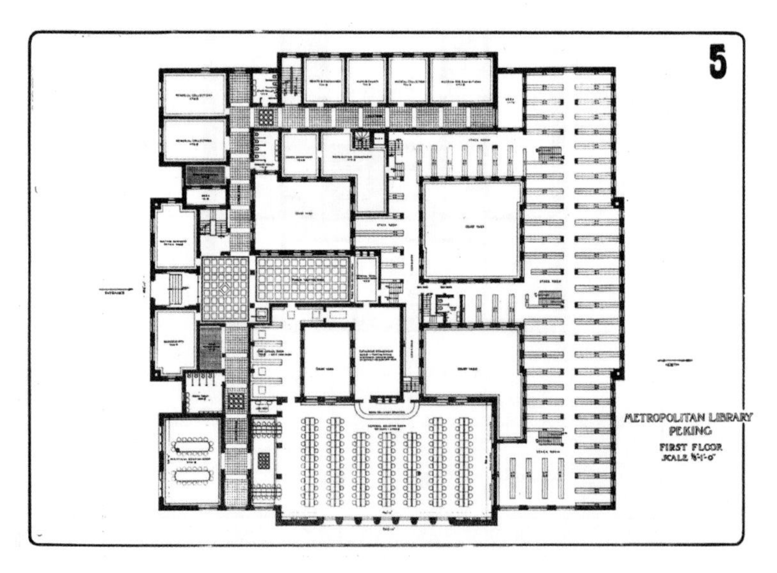

图 2-12　5 号方案平面图

① Metropolitan Library Competition[M]. Tientsin-Peking：Peiyang Press，1928：43.

从 1926 年 11 月起到确定首奖止，方案征选工作共历时十个月，其中有一半的时间花费在评奖过程中。在中国建设的图书馆为何要颇费周折请美国建筑师学会来组织评审，应该有以下几方面原因：首先，国内大部分建筑师有意愿参与本项目征选，在国内找不到合适的审查人选[①]。如在中山陵设计竞赛中获得第二名的范文照先生（Robert Fan）、民国时期的设计翘楚基泰工程司（Kwan，Chu & Co.）等知名建筑师或设计团队都参与了竞赛。其次，在中国仿照欧美建设现代化图书馆已推行一段时间，但大多数图书馆仍与传统的藏书楼没有本质上的差别，邀请熟悉图书馆功能的美国建筑师审查可以避免类似的情况出现。在建筑顾问安那写给美国人查尔斯·巴特勒先生的信中，也提到了有些参加竞赛的建筑师对现代化图书馆的功能并不熟悉。因此，无论是请美国建筑师学会组织审查会，还是邀请欧美建筑师参加竞赛确有必要。除此之外，可能还有一个更为重要的原因。这一图书馆建设项目是首个由中基会主导的重大工程，中基会不仅希望该项目取得成功，而且在具体运作方式上应能体现当时美国较为成熟、较为科学的技术与管理优势，这样有助于实现其扩大美国在华影响力的办会宗旨。

在美国组织审查会的优势是明显的，但审查会成员如果不了解中国、不了解中国建筑，显然不利于审查工作，中基会对此有所考虑并做了具体安排。首先，建筑顾问安那在《北京图书馆征选建筑图案建筑顾问报告》中详细介绍了项目周边情况，并且将场址周边的地图、故宫等地的照片、竞赛图样的影片连同建筑顾问报告一并提前快递给审查会熟悉。其次，审查会成员尽量安排了解中国及中国建筑的专家来担任，审查会主席顾理治便是合适的人选。顾理治是顾临的老朋友，1916 年他曾作为洛克菲勒基金会驻华医社的建筑顾问考察中国，主要任务是为该社在中国创建医学院的计划提供技术咨询。此次考察中，

---

① 国家图书馆档案室保存的一封信件中提到了这种说法。该信件使用国立北京大学用笺，盖有“北京图书馆发，1927 年 3 月 21 日”印戳。收、发件人不详。

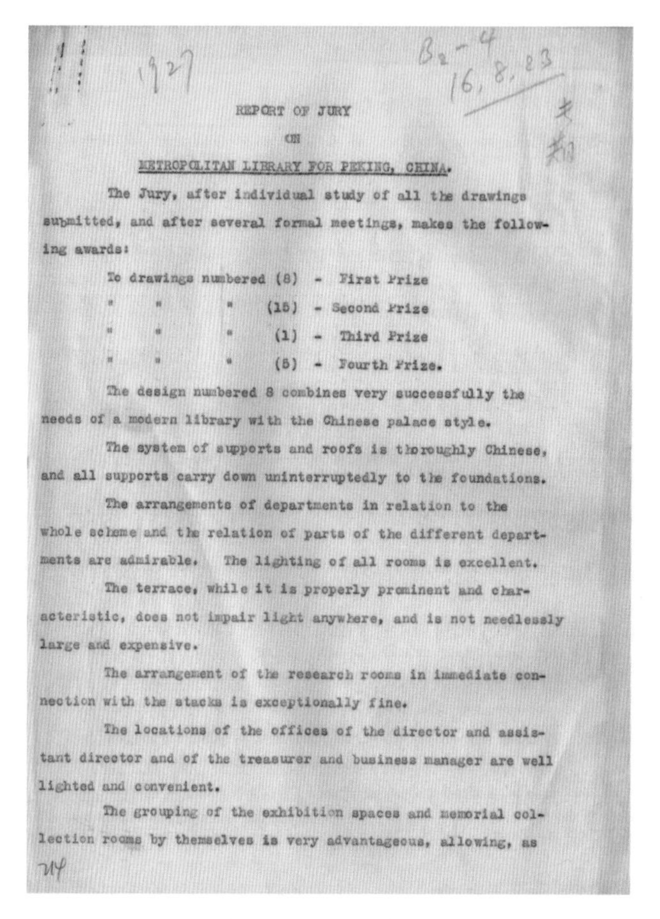

REPORT OF JURY

ON

METROPOLITAN LIBRARY FOR PEKING, CHINA.

The Jury, after individual study of all the drawings submitted, and after several formal meetings, makes the following awards:

To drawings numbered (8) - First Prize

" " " (15) - Second Prize

" " " (1) - Third Prize

" " " (5) - Fourth Prize.

The design numbered 8 combines very successfully the needs of a modern library with the Chinese palace style.

The system of supports and roofs is thoroughly Chinese, and all supports carry down uninterruptedly to the foundations.

The arrangements of departments in relation to the whole scheme and the relation of parts of the different departments are admirable. The lighting of all rooms is excellent.

The terrace, while it is properly prominent and characteristic, does not impair light anywhere, and is not needlessly large and expensive.

The arrangement of the research rooms in immediate connection with the stacks is exceptionally fine.

The locations of the offices of the director and assistant director and of the treasurer and business manager are well lighted and convenient.

The grouping of the exhibition spaces and memorial collection rooms by themselves is very advantageous, allowing, as

图 2-13　审查委员会详细报告首页（国家图书馆档案室　藏）

顾理治不仅对中国有了了解，而且还对中国传统建筑形式做了具体研究。此后，他接受洛克菲勒基金会的委托，完成了北京协和医学院的总体规划设计，并作为顾问建筑师对工程给予了许多指导和帮助，在项目建设后期，他所在的建筑事务所还承担了补充设计工作[①]。可以说，顾理治的这段经历对图书馆设计征选审查工作十分有益。

① 赖德霖，伍江，徐苏斌，等.中国近代建筑史：第三卷[M].北京：中国建筑工业出版社，2016：38-49.

四、组建建筑委员会，深化设计

设计方案征选工作结束后，鉴于建筑事务日益繁重，北京图书馆委员会决定另设建筑委员会专司新馆建设事宜，由范源濂、李四光、周诒春、袁同礼、安那五人担任委员[①]。1927年8月31日，建筑委员会召开了第一次会议。会议选举范源濂为委员长，李四光为秘书；委托建筑顾问安那与首奖获得者莫律兰就契约进行磋商。经过数次交换意见，双方于1927年9月24日签订设计合同。设计合同规定，莫律兰一方的工作包括必需的磋商、初步的研究、绘工作图样、编制说明书、绘详细图样、拟订招工包工书草案、发给支付证书、管理会计、经理并监管其职责内的一切事务。设计合同明确了建筑师的酬金按照工程价值的6%计取，机电设备工程师的选定须征得所有主同意，酬金由所有主另行支付[②]。

签订合同后，莫律兰工程司着手绘制设计详图。在此期间，建筑委员会以多种方式研究并解决设计中遇到的问题，比如：1928年3月29日，委员会致信北京图书馆副馆长袁同礼询问各个房间应该使用哪种地板，并请他填写所附的问卷；1928年4月4日、4月23日，建筑委员会两次召开会议研究目录柜布置以及图书借还问题[③]。1928年春，新图书馆的设计工作基本完成。该建筑南北向布局，仿清宫大殿式样，东西向面阔77米，南北向进深65米，高19.89米，面积约8000平方米，分为前、中、后三段，整体布局呈“工”字形。前段为上下三层，除位于半地下的一层外，其他各层主要为阅览、展陈用房，其中3层带回廊的大阅览室，可容纳200人同时阅览。中段为三层，主

---

① 历史文献对此次建筑委员会组成人员有两种记载，一种如文中记录，另一种为周诒春、李四光、戴志骞、袁同礼、安那五人。前一种记录时间为1928年，后一种为1933年，两次记录相距的时间并不长。笔者认为较合理的解释应为范源濂于1927年12月去世后，建筑委员会进行了一次改选，增选戴志骞为委员，并由周诒春担任委员长。

②③ 参见国家图书馆档案藏1949年前基建档案。

要为业务办公、图书查询及借还服务用房。后段共五层，除首层为业务办公用房外，其余各层为书库，采用钢铁堆架形式布置书架。前、中、后三段形成了阅览在前、书库在后、图书查询及借还服务居中的功能格局。三段建筑中，以前段最为隆重，它整体落在汉白玉须弥座上，中间的主体建筑采用重檐庑殿顶，左右配殿为单层庑殿，二者以廊相连。从业务布局看，书库占重要地位，面积近 4000 平方米，可藏书 50 万册；6 个阅览室中有 4 个采用闭架方式服务且各有配套使用的书库，新闻报纸以及期刊阅览室采用开架阅读方式，极大方便了读者获取最新的资讯；馆内读者服务、图书借阅、业务采编加工流线简洁清晰，体现了建筑师极高的设计水平。与最初的图纸相比较，最终方案除对平面布置做进一步完善外，还有几处较大的调整：一是将前楼半地下的一层改为书库，原先布置在该位置的发电厂挪到基地的西北角。发电厂项目与中基会主导的另一个项目静生生物调查所①均由北京图书馆建筑委员会负责②。二是为了相互借景，融于周边环境，将与北海公园相隔的东侧院墙改为通透的汉白玉石栏。三是大院南门由一门式改成了三门式③。这一调整的主要原因可能是为了与南门前马路上与它相邻的两座三座门的式样相协调，但在具体做法上，图书馆大门明显更加庄重。据记载，这处调整还特意向主管的工务局提出了申请并办理了设计变更手续。

---

① 静生生物调查所是近代中国建立较早、最有成就的生物学研究机构之一。范源濂先生，字静生，曾担任中基会董事兼干事长、北京图书馆委员会委员长等职，为北京图书馆事业以及北京图书馆新馆建设做出过重要贡献。他对生物学研究有着浓厚的兴趣，由他发起的尚志学会在他去世后为纪念他，拨付 15 万元，委托中基会组建以他命名的生物学研究机构——静生生物调查所。静生生物调查所是中国科学院动物研究所和植物研究所的前身。

② 发电厂和静生生物调查所建在图书馆主体建筑西侧，发电厂标注为“Power House”，静生生物调查所标注为“Peihai Library Research Institute”。

③ 国家图书馆档案藏 1949 年前基建档案。

图 2-14　文津街三座门[①]

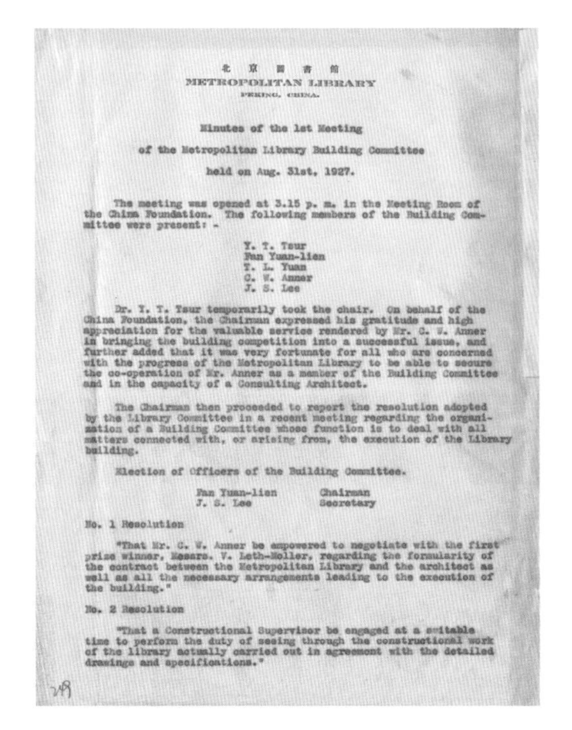

北京圖書館
METROPOLITAN LIBRARY
PEKING, CHINA.

Minutes of the 1st Meeting
of the Metropolitan Library Building Committee
held on Aug. 31st, 1927.

The meeting was opened at 3.15 p. m. in the Meeting Room of the China Foundation. The following members of the Building Committee were present: -

Y. T. Tsur
Fan Yuan-lien
T. L. Yuan
C. W. Anner
J. S. Lee

Dr. Y. T. Tsur temporarily took the chair. On behalf of the China Foundation, the Chairman expressed his gratitude and high appreciation for the valuable service rendered by Mr. C. W. Anner in bringing the building competition into a successful issue, and further added that it was very fortunate for all who are concerned with the progress of the Metropolitan Library to be able to secure the co-operation of Mr. Anner as a member of the Building Committee and in the capacity of a Consulting Architect.

The Chairman then proceeded to report the resolution adopted by the Library Committee in a recent meeting regarding the organization of a Building Committee whose function is to deal with all matters connected with, or arising from, the execution of the Library building.

Election of Officers of the Building Committee.

Fan Yuan-lien　　Chairman
J. S. Lee　　Secretary

No. 1 Resolution

"That Mr. C. W. Anner be empowered to negotiate with the first prize winner, Messrs. V. Leth-Moller, regarding the formularity of the contract between the Metropolitan Library and the architect as well as all the necessary arrangements leading to the execution of the building."

No. 2 Resolution

"That a Constructional Supervisor be engaged at a suitable time to perform the duty of seeing through the constructional work of the library actually carried out in agreement with the detailed drawings and specifications."

249

图 2-15　1927 年 8 月 31 日建筑委员会第一次会议记录（国家图书馆档案室　藏）

① 图片来源：https://weibo.com/1213925802/Hir5metrr?refer_flag=1001030103_&type=comment#_rnd1608904936612。

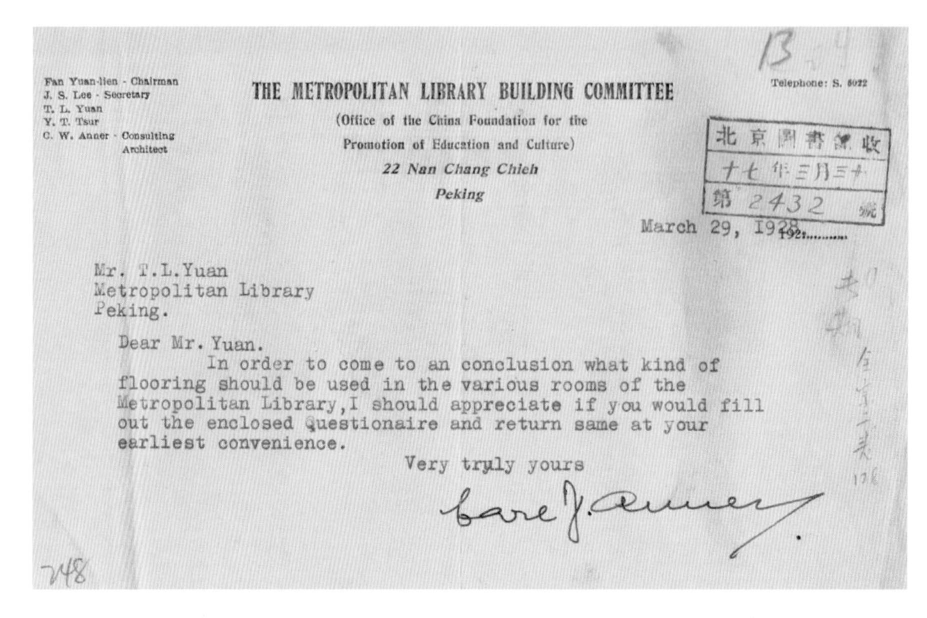

Fan Yuan-lien - Chairman
J. S. Lee - Secretary
T. L. Yuan
Y. T. Tsur
C. W. Anner - Consulting Architect

THE METROPOLITAN LIBRARY BUILDING COMMITTEE

(Office of the China Foundation for the Promotion of Education and Culture)
22 Nan Chang Chieh
Peking

Telephone: S. 8022

北京图书馆收
十七年三月三十
第 2432 号

March 29, 1928

Mr. T.L.Yuan
Metropolitan Library
Peking.

Dear Mr. Yuan.

In order to come to an conclusion what kind of flooring should be used in the various rooms of the Metropolitan Library, I should appreciate if you would fill out the enclosed Questionaire and return same at your earliest convenience.

Very truly yours

Carl J. Anner

图 2-16　建筑委员会给袁同礼的信件（国家图书馆档案室　藏）

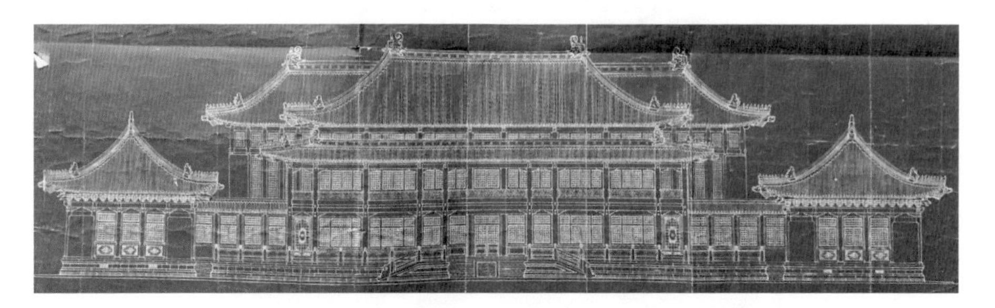

图 2-17　图书馆南立面（国家图书馆档案室　藏）

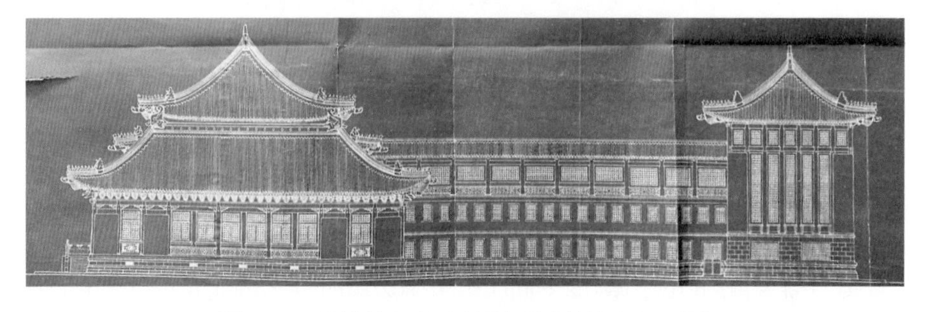

图 2-18　图书馆东立面（国家图书馆档案室　藏）

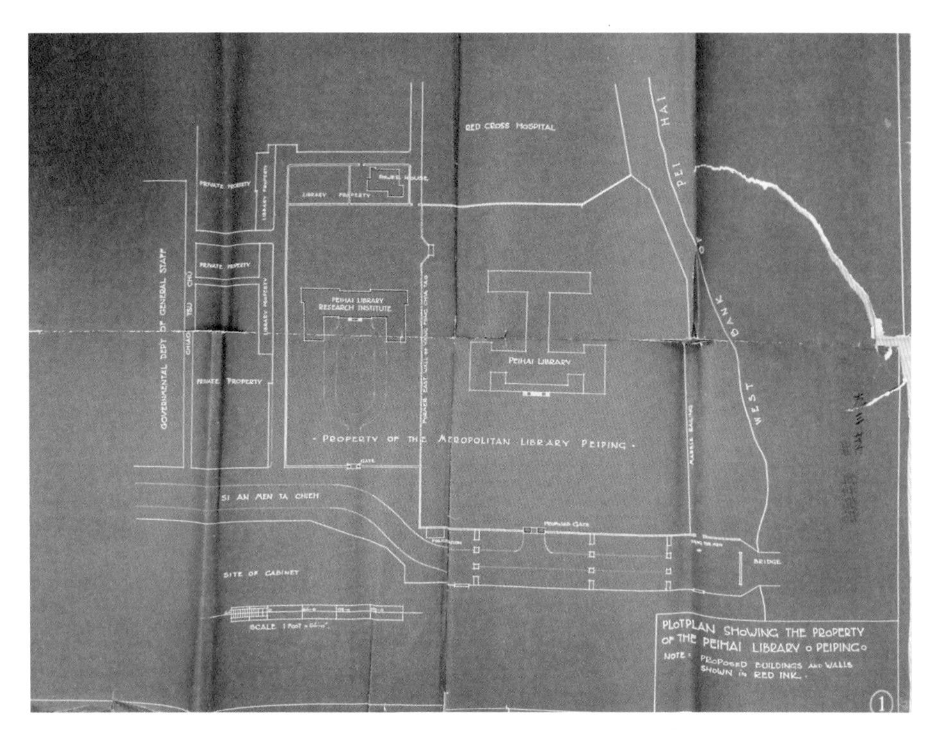

图 2-19　图书馆总平面图（国家图书馆档案室　藏）

关于莫律兰在本项目设计工作中到底扮演了何种角色，业界有多种说法。傅朝卿提到，莫律兰并非建筑师，实际上负责设计的是丹麦艺术家尼尔摩（Erik Nyholm）[①]。《中国近代建筑史》一书提到，莫律兰是莫律兰钢与钢筋混凝土结构设计工程顾问公司（V. Leth-Moller & Co., Consulting Engineers and Designers of Reinforced Concrete and Steel Structure）的主持人，最擅长的工作当为结构工程[②]。以一个结构设计公司的力量，独立完成这座大型图书馆“中国宫殿式”建筑从整体到细部的设计应非易事，但通过采用相对分

① 傅朝卿.中国古典式样新建筑：二十世纪中国新建筑官制化的历史研究[M].台北：南天书局，1993：120.

② 赖德霖，伍江，徐苏斌，等.中国近代建筑史：第四卷[M].北京：中国建筑工业出版社，2016：229.

散而非集中式的形体构图，可以使得设计相对简化，而且此前北京的官式建筑早已对外开放，并已通过摄影等方式为世人所了解，这都为建筑师的设计提供了可以借鉴的参考。国家图书馆馆藏历史档案提供了一些新的线索。其中，设计合同规定“工程师[①]为执行本合同计，有邀请其他工程师加入工程师之权。工程师方面之合组如有死亡或不能工作之时，则工程师之权利及义务由剩余之合组者分享分担”。上述内容并没有在征选条例合同条款中出现，显然是应莫律兰要求新增的内容。而在建筑投标说明书（相当于现在的施工招标文件）中提到所有图样及做法说明书等均由北京莫律兰工程司与天津乐利工程司预备供给。设计图签也明确标有北京莫律兰工程司（V. Leth. Moller & Co. Engineers）、天津乐利工程司（Loup & Young Architect）[②]字样。由此推断，两家公司在该项目中应该是结成了设计联合体，天津乐利工程司更多地承担了建筑设计部分的工作。莫律兰之所以要让其他公司加入，除了工程规模较大，难以独立应付外，恐怕建筑设计并非其所长是很重要的一个因素。从这点看，莫律兰在方案竞赛阶段很有可能如傅朝卿所说，得到了其他人的帮助，且有很大的可能便是天津乐利工程司。此外，身为建筑师的项目建筑顾问安那以及监督工程师安诺（设计竞赛第四奖获得者）为工程建设出力颇多。1928 年 4 月 23 日，建筑委员会开会研究目录柜和图书借还服务台的布置方案[③]，这是近代图书馆区别于传统藏书楼的关键标志。会上，安那向与会代表介绍了莫律兰按照上次会议要求调整的新方案。大家认为调整后的方案虽有所改进但仍存在不足，特别是目录柜放在主楼梯前不利于今后的扩充调整。监督工程师安诺提出了改进措施，得到了与会人员的认同。会议要求莫律兰工程司根据这些意见重新调整方案。从安那在会上代莫律兰介绍调整方案的行为可以推测，与方案设

---

① 指莫律兰。

② 天津乐利工程司在20世纪10—30年代在北京、天津等地完成了大量公共建筑和私人住宅。

③ 参见国家图书馆档案藏 1949 年前基建档案。

计相关的内容可能都需先经他审定。而他最终取代莫律兰获得发电厂以及静生生物调查所办公大楼的设计合同①，也足见建筑委员会对其表现的充分认可。

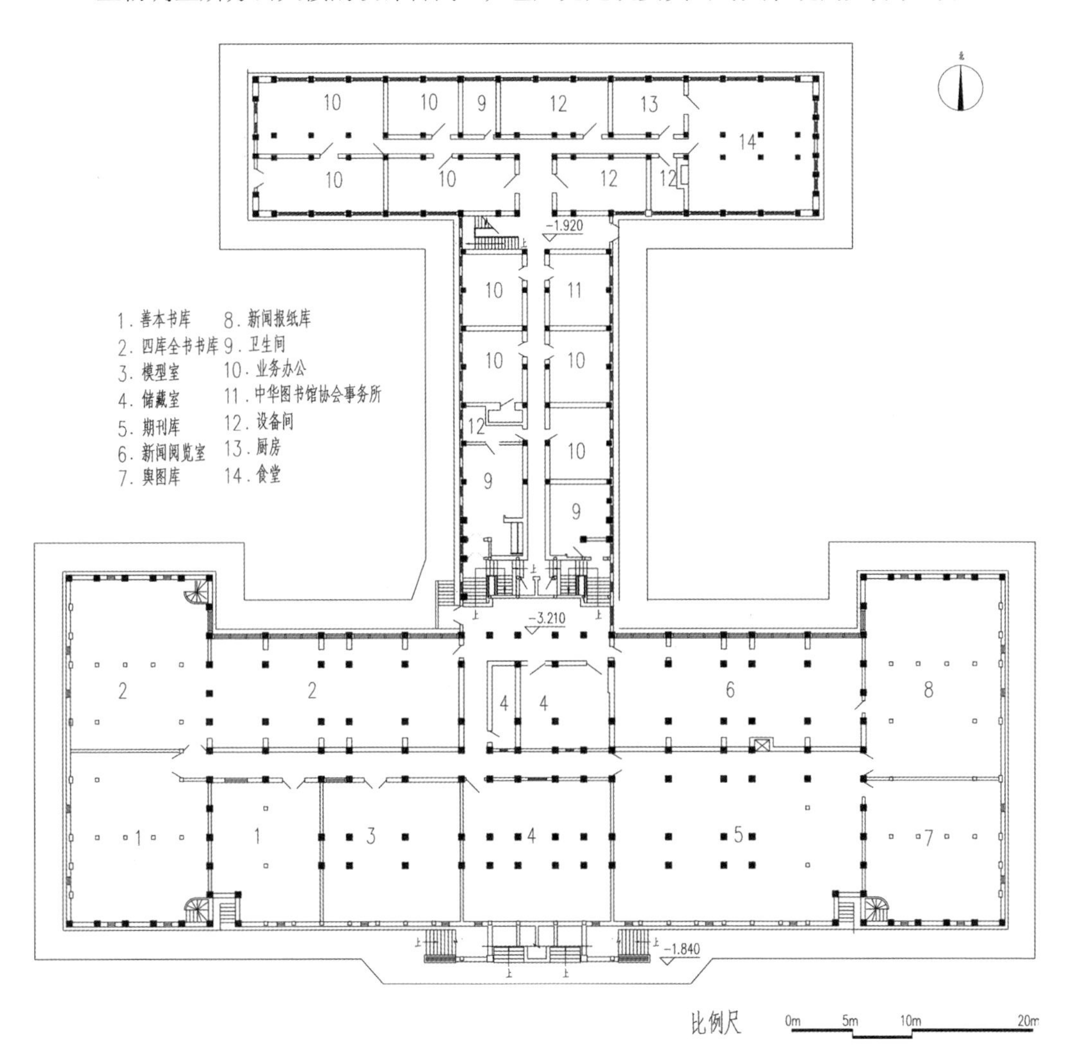

图 2-20　图书馆一层平面图（根据 20 世纪 30 年代国家图书馆馆史档案绘制）

① 参见国家图书馆档案藏 1949 年前基建档案。

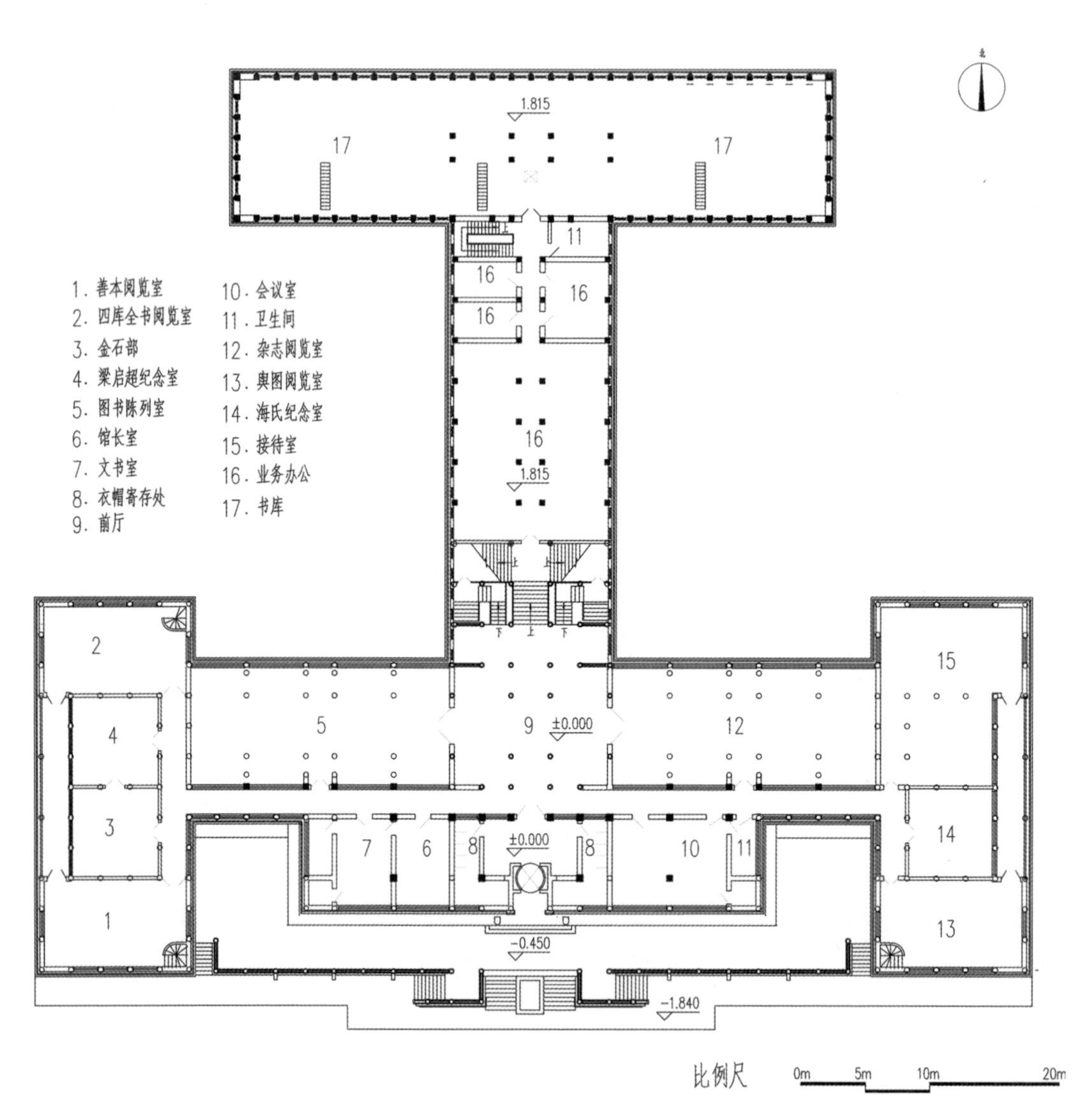

图 2-21 图书馆二层平面图（根据 20 世纪 30 年代国家图书馆馆史档案绘制）

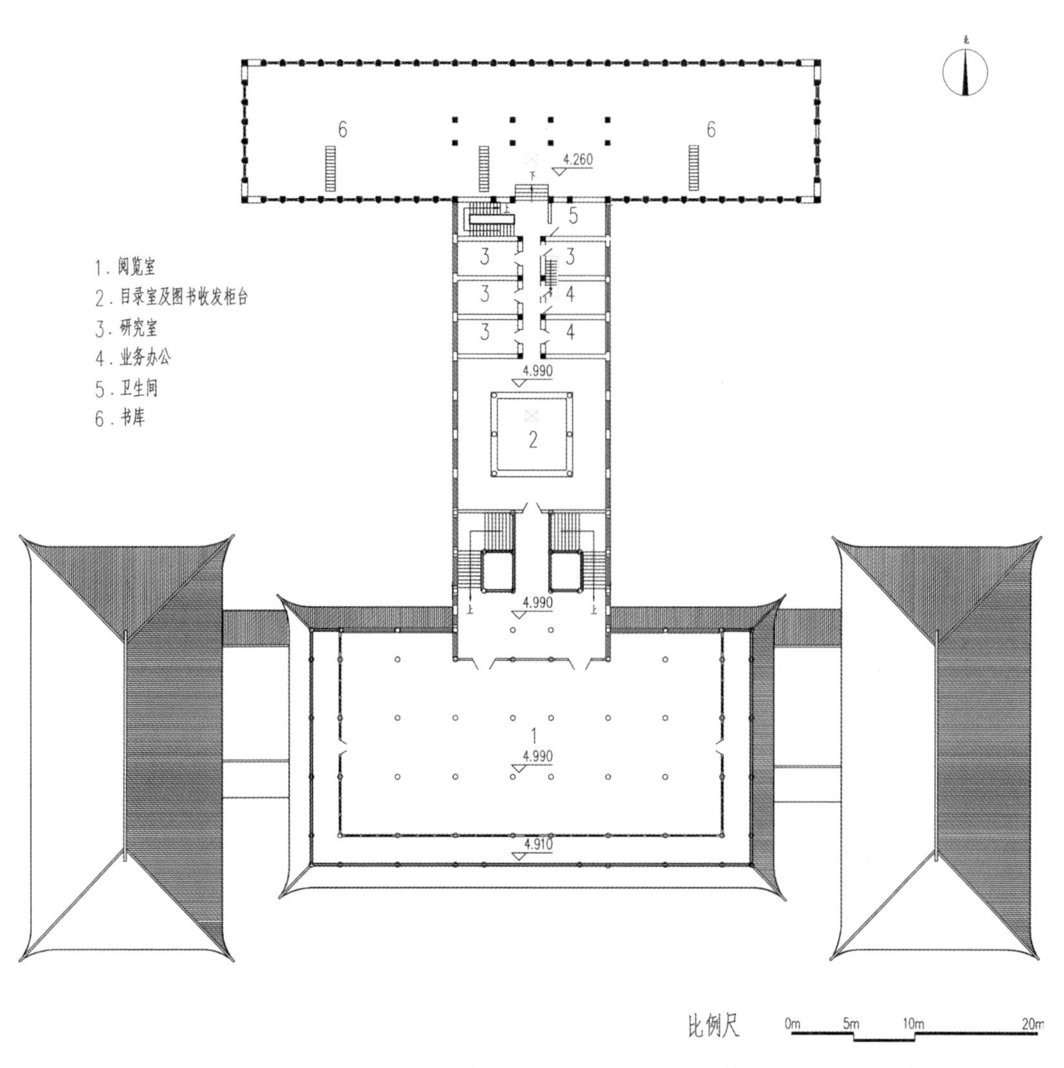

图 2-22　图书馆三层平面图（根据 20 世纪 30 年代国家图书馆馆史档案绘制）

五、按部就班组织施工并开馆

设计工作完成后，因建筑基地被军队占用，施工招标工作有所滞后。1928年7月13日，北京图书馆新馆建筑施工开始招标。此次招标向承招者发放了中英文建筑投标说明书（也称为《国立北平图书馆楼房建筑法》）。说明书对施工投标方式及注意事项，业主、建筑师以及承包商的权利和义务，分包内容以及甲供材料，图纸及施工做法等内容做了详细说明。从内容上看，此次施工招标已相当成熟，比如：在工程估计方面，说明书提供了混凝土、抹灰等项目的工程量清单，请包工人在投标时标明单件估价，且规定估价适用于工程进行时的增加与减少；在工程质量方面，明确由莫律兰工程司及驻京建筑师安诺负责监工，凡是工作或材料经建筑师指为不善者，须立即将该工作或材料取消，更换建筑师所指定者，并不得额外索价；而在规避工程风险方面，要求包工人在投标前认真踏勘现场，除地面以下不计外，地面上情形倘因当时疏于考查，在动工之后发生障碍时，本馆主不负其责①。此次施工招标共有26家中西公司参加，开标日期原定8月15日，因建筑委员会有委员不在京，便改在8月22日举行。建筑委员会对各投标人的以往成绩以及资金状况进行了调查。经委员会全体委员及董事会三人两次联席会议审议，9月5日，决定委托中标的天津复新建筑公司承建新馆。9月12日签订了施工合同②。

1928年9月17日，工程举行破土礼。受战事影响，交通阻滞较多，建筑材料运输困难，工程不得不延期，1929年3月才正式动工，5月11日举行奠基礼③。北平北海图书馆委员会④及馆员共计50余人参加了仪式。董事会干事长

---

① 北京国立图书馆楼房建筑委员会建筑投标说明书［M］// 王余光.清末民国图书馆史料汇编：第6册.北京：国家图书馆出版社，2014：291-372.

② 李致忠.中国国家图书馆馆史资料长编（1909—2008）[M].北京：国家图书馆出版社，2009：103.

③ 北京图书馆.北京图书馆第三年度报告[R].北京：北京图书馆，1929：2-3.

④ 1928年北京更名为北平后，中基会建立的北京图书馆更名为北平北海图书馆。

任鸿隽、安那、周诒春、袁同礼分别致辞。任鸿隽干事长在致辞中报告了图书馆成立及建筑经过，并对安那关于征求图案之赞助表示谢意。他说："莫律兰工程师所造之图案，能使我国宫殿式之建筑，与新式图书馆相调和，可为我国图书馆建筑上开一新纪元。"他希望建筑早日告成，以供全国学术界之需求[①]。

开工不久，原先中基会与教育部合办国立京师图书馆的计划在暂缓三年后也出现了重大转机。此次变局缘于1928年北京政府解体，南京国民政府接管北京并将其更名为北平。7月，国立京师图书馆随之更名为北平图书馆，10月北京图书馆更名为北平北海图书馆。陈垣、马裕藻、马衡等人受国民政府大学院委任组成筹备委员会负责北平图书馆接管与筹组事宜。筹备委员会择定中海居仁堂作为北平图书馆的新馆舍。筹组居仁堂馆舍时，由于资金问题，多项工作进展不顺，大学院有了重启前政府与中基会合办图书馆的计划。筹备委员会对此并不认同，多次致电大学院陈述理由：①国立图书馆开办已久，北海图书馆为后起；②一馆为完全中国自立，一馆为外人之襄助始克成立；③一系纯粹国学，一系多备各国文字之图籍[②]。1929年，北平图书馆划归国民政府教育部管辖后，与中基会合办图书馆的计划迅速重启。6月，在中基会举行的第五届年会上，董事蒋梦麟以国民政府教育部长的身份提议，修订与前政府合办国立京师图书馆契约，将北平图书馆与北平北海图书馆合并改组为国立北平图书馆，该提议获得会议通过[③]。1929年7月，教育部与中基会议定《合组国立北平图书馆办法》。该办法与前次契约最大不同之处，就是汲取了政府经费不足导致合作失败的教训，确定日常经费由中基会全额承担。8月，教育部、中基会合组的国立北平图书馆委员会成立，陈垣、任鸿隽、孙洪芬、马叙伦、周诒春、

---

① 李致忠.中国国家图书馆馆史资料长编（1909—2008）[M].北京：国家图书馆出版社，2009：104.

② 北京图书馆业务研究委员会.北京图书馆馆史资料汇编（1909—1949）[M].北京：书目文献出版社，1992：251.

③ 同①92.

图 2-23　1929 年 5 月 11 日奠基礼合影（国家图书馆档案室　藏）
一排左七顾临、左八袁同礼

傅斯年、刘复、蔡元培、袁同礼 9 人为委员，推举陈垣为委员长，聘任蔡元培、袁同礼为合组后国立北平图书馆的正、副馆长[①]。委员会成立后，即对建筑委员会进行了改选。周诒春、任鸿隽、丁文江、戴志骞、刘复、孙洪芬、袁同礼 7 人担任委员，周诒春为委员长[②]。其实，回顾双方合作中断的三年，双方重启合作的意愿均十分强烈，并在实际工作中彼此扶持与配合。除了前面提到的教育部在落实建设用地一事上向中基会提供了许多帮助，在国立京师图书馆运转出现困难之时，中基会提供了 30000 元资金的支持。特别是在馆藏建设方面，北京图书馆注重资源互补，重点采购外文期刊以及国立京师图书馆未藏的中文图书以免造成浪费。因此，从某种意义上讲，双方的合作从未有过实质性的中断。双方签订的新契约，扫清了原先合作的各种障碍，这对新图书馆的建设乃至今后图书馆事业的发展都十分有益。

就在双方合作计划如火如荼地开展之时，北平却遇上了连日的大雨。根据 1929 年 8 月 5 日《北平日报》的报道，大雨灾情之重为近几十年所未有。东长安街水深达一两尺不等，途经此地的汽车大多不能渡越；部分路段水深至三尺余，很多居民乘骆驼逃避到阜成门外的高地。图书馆的建设工程也受到了影响。好在营造商经验丰富、措施得力、管理有方，各项工作都能按计划完工。截至 1930 年 6 月，结构、屋面琉璃瓦、门窗、室内抹灰工程完工。各专项工程的设计以及设备采购工作也有序推进，新馆的暖气炉、通风机、卫生工程等各种设备系统委托协和医院[③]工程师莱维特（E. E. Leavitt）设计详图。上述工程的施工经招标于 1928 年 12 月 19 日决定委托天津美丰机器厂承担。而对于图书馆建筑中的专用设备钢铁书库的制作，建筑委员会十分重视。早在

---

① 李致忠. 中国国家图书馆百年纪事（1909—2008）[M]. 北京：国家图书馆出版社，2009：16.

② 国立北平图书馆馆务报告：民国十八年七月至十九年六月[M]// 王余光. 清末民国图书馆史料汇编：第 6 册. 北京：国家图书馆出版社，2014：91.

③ 协和医院是协和医学院的附属医院。

1929年春便函请厂商估价投标，一家英国、两家美国、一家德国和两家中国的生产商参加了投标。有可能是价格和工期的原因，委员会决定将工程量最大的堆架形式的钢制书架委托给天津美丰机器厂承造，但要求制作书架的钢板需从外国进口；而最为重要的善本书库书架以及舆图库书架则委托伦敦罗内奥（Roneo）钢厂承造①。图书馆承建单位详见表2-2。

表2-2　图书馆建设承建单位一览表

项目	实施单位	委托时间（合同签订时间）
建筑主体设计承包商	北京莫律兰工程司 天津乐利工程司	1927年9月24日
水暖电系统设计	协和医院莱维特工程师	具体时间不详，1928年10月20日前已完成设计
大门设计	北京莫律兰工程司	具体时间不详，1930年2月16日向工务局提出设计变更
发电厂主体设计	建筑顾问安那	具体时间不详，1930年2月11日前已完成设计
发电厂设备系统设计	协和医院莱维特工程师	同上
建筑主体施工	天津复新建筑公司	1928年9月12日
水暖电系统施工	天津美丰机器厂	1928年12月24日
发电厂施工	德国人喇特玛哈 （G. Rademacher）	1930年2月27日
钢铁书架（含取书机）	天津美丰机器厂	1929年8月23日
善本及舆图库书架	伦敦罗内奥钢厂	1930年6月6日

1931年5月，机电工程、室内装饰、书库钢质书架安装工程、庭院工程、

① 国立北平图书馆馆务报告：民国十八年七月至十九年六月[M]//王余光.清末民国图书馆史料汇编：第6册.北京：国家图书馆出版社，2014：16.

室内外油漆彩画工程也基本告竣。中国营造学社社长朱启钤先生为油漆彩画设计工作提供了不少帮助，特别是对钢筋砼结构表面的油漆彩画施工工艺该怎样进行做了大量研究并给予了具体指导。施工过程中，为解决两处地块中间隔着养蜂夹道不便利用的弊端，经政府同意，建筑委员会还将原养蜂夹道圈入馆内，基地的西、北两侧各退让一部分，辟为新养蜂夹道，馆舍用地得以合二为一[①]。工程建设尾声，为进一步美化庭院环境，经北平市政府赞助，将圆明园旧存的雕花望柱、石狮、乾隆御笔诗碑、文源阁四库全书石碑等移存本馆[②]。这些在历史、艺术、建筑上具有极高价值的园林小品为图书馆增色不少。此外，在北平市政府的支持下，图书馆门前的马路改为沥青路面并修了石板便道；大门前东起金鳌玉蝀桥，西迤西安门大街一段的马路，还以图书馆的文津阁《四库全书》专藏为名，称作“文津街”[③④]。国外驻华使馆十分关注工程进展。建设期间，袁同礼副馆长多次陪同美国、英国、瑞典等十余个国家的大使到工地参观。图书馆建设工程各阶段进展情况详见表 2-3。

表 2-3　图书馆建设工程各阶段进展情况表

时间	工作内容	备注
1925 年 9 月—1926 年 11 月	前期准备	选址、拟定设计竞赛条例
1926 年 11 月—1927 年 8 月	征选设计方案	17 家投标、组织评审
1927 年 9 月—1928 年春	详细设计	方案有局部调整
1926 年—1928 年 7 月	建设用地被军队占用	公府操场地块直到 1928 年底才办理完成土地手续

① 国家图书馆档案藏 1949 年前基建档案。

② 国立北平图书馆馆务报告：民国十八年七月至十九年六月[M]//王余光.清末民国图书馆史料汇编：第 6 册.北京：国家图书馆出版社，2014：108.

③ 李致忠.中国国家图书馆百年纪事（1909—2009）[M].北京：国家图书馆出版社，2009：106.

④ 建成的新图书馆大楼，也因馆藏文津阁《四库全书》被命名为“文津楼”。

续表

时间	工作内容	备注
1928年7月—1928年9月	施工招标	26家公司投标
1928年9月—1929年3月	受战事影响，施工延期	进行其他设计和招标工作
1929年3月—1930年6月	结构、屋面琉璃瓦、门窗、室内抹灰工程	—
1930年7月—1931年6月25日	机电工程、室内装饰工程、书库钢质书架安装工程、室内外油漆彩画工程、庭院工程	1930年4月29日，中海居仁堂馆舍与北海馆舍停止阅览服务，馆藏文献向新馆搬迁
1931年6月25日—1931年7月1日	接待参观、正式开馆接待读者	—

1931年6月25日，新馆竣工并举行落成典礼，共有各国驻华代表、国内外学术机构代表等中外人士2000余人参加仪式。蔡元培、蒋梦麟、任鸿隽、董为公、胡若愚、李石曾、顾临、陈衡哲、袁同礼先生分别致辞。蔡元培详细报告了北平图书馆的历史，以及与中基会两次合办图书馆的经过，并评价新馆除了辉煌富丽，还有两大特征，一是建筑采用新式建筑方法，二是建筑外部则按照中国古代建筑方法建造。他说这种建造方式具有试验性质，希望来宾们能多提宝贵意见。蒋梦麟代表教育部发言，他指出北平之所以为全国的文化中心，是因为具备了三种条件，即有完备的图书馆、博物院和研究院。博物院已经有故宫和历史博物馆，研究院方面有国立北平研究院和中央研究院，而今日落成的北平图书馆将填补图书馆的空白，它不仅为北平的青年学子提供便利，也将为全国的学者提供研究的机会[①]。陈衡哲先生致辞中提到，中西文化在接触时会发生两种结果，一为东西之冲突，一为互相之调和。如果东西文化诚能互相调和，一定能有良好结果，而产生新的文化。北平图书馆新建筑采用中式

① 炎天烈日下北平图书馆行落成礼[N].天津：益世报，1931-06-26（6）.

图 2-24　文津街馆舍南大门（国家图书馆档案室　藏）

图 2-25　文津楼建筑南立面（国家图书馆档案室　藏）

图 2-26　杂志阅览室（国家图书馆档案室　藏）

图 2-27　图书陈列室（国家图书馆档案室　藏）

图 2-28　梁启超纪念室（国家图书馆档案室　藏）

图 2-29　四库全书阅览室（国家图书馆档案室　藏）

图 2-30 舆图阅览室（国家图书馆档案室 藏）

图 2-31 接待室（国家图书馆档案室 藏）

图 2-32 会议室（国家图书馆档案室 藏）

图 2-33 三层阅览室（国家图书馆档案室 藏）

图 2-34　目录室及图书收发柜台（国家图书馆档案室　藏）

图 2-35　钢架书库（国家图书馆档案室　藏）

图 2-36 餐厅（国家图书馆档案室 藏）

图 2-37 从西北往东南鸟瞰故宫[①]

① 图片来源：http://www.163.com/dy/article/EFCUNGSV0514D7M。

的外观、西式的功能，诠释了中西文化不应是冲突，而应是融合，这样才能产生新文化，而图书馆应该在中西文化交流中发挥积极作用[①]。袁同礼在开幕式上用中、英双语向来宾致答谢辞。他提到图书馆的馆藏以往都藏在民房中，馆内同人经常为这些文献的安全提心吊胆。现在新馆建成了，所有的图书都移到新馆舍，大家如释重负。袁同礼对教育部、中基会、北平市工务局以及参与项目建设的工程师、设计师、监督表示感谢，同时也对梁启超家族将梁启超的七万册图书捐赠给图书馆以及其他机构的贺赠致以深深的谢意[②]。国立北平图书馆新馆开馆是文化界的大事，《华北日报》等诸多新闻媒体对图书馆开馆前后动态给予了持续关注和报道。新馆对外开放后前来参观的市民络绎不绝，仅6月25日—28日4天时间，便有1万多人到馆[③]。

前来参观的市民可在此欣赏到图书馆的建筑之美：穿过文津街的三座门，是图书馆的三间座式琉璃正门，庄重宏伟；门前摆放着从圆明园迁来的西洋式样石狮，亲近可人；步入大门后，庭院开阔、环境疏朗，主楼前面的华表、石碑均出自皇家园林，与东望可见的北海白塔相映生辉；穿过广场，登上汉白玉基座，经木质旋转门步入室内，考究的衣帽寄存间、光亮的水磨石地面、标有“石渠千秋”[④]字样的天花藻井、精致的玻璃吊灯、铜质五金旋钮的中式推窗、极具趣味的直饮水系统、木质雕花的大楼梯、厚重的西式木质阅览桌、柔软舒适的软木地面、服务台前新奇的图书运送设备让人眼花缭乱，应接不暇。

7月1日，国立北平图书馆正式接待读者。《华北日报》记者特意赶到现场感受开馆当日的盛况。然而，因下大雨，当天上午并没有多少读者前来，中

---

① 二千来宾参加北平图书馆落成典礼[N].北京：京报，1931-06-26（3）.

② 炎天烈日下北平图书馆行落成礼[N].天津：益世报，1931-06-26（6）.

③ 国立北平图书馆馆务报告：民国十九年七月至二十年六月[M]// 王余光.清末民国图书馆史料汇编：第6册.北京：国家图书馆出版社，2014：108.

④ “石渠”相传由汉代萧何修建，是西汉皇家图书典藏与编纂机构，以后成为皇家藏书之别称。国立北平图书馆馆藏继承了南宋以来历代皇家藏书。

午天气放晴，到图书馆的人流逐渐拥挤起来[①]。上文提到的庄俞、邓云乡二位先生也先后参观了新图书馆，他们对新馆十分满意，并对参观经历印象深刻。庄俞先生在游记中详细介绍了新图书馆的具体情况：

> 前游颇太息国立图书馆之湫隘，此来则新馆已成，为予欣赏最满意之一矣。馆划北海公园一部分之地建筑，耗金百二十万，民国二十年开幕。屋外为皇宫式，内为欧西式，三层楼，有地下室。雕绘鲜明，屋面纯盖绿油瓦，全部似为工字形。入门，东为存物处，西为发券处。沿门一带为馆长室、会议室、办事室等。正中宽宏，东为杂志阅览室、更东为舆图阅览室、招待室。西为善本阅览室，更西为陈列室、梁任公纪念室、缮写室等。登楼，前为阅览室，中为目录室、领书还书柜。后为书库，下层为报章阅览室、四库室、储藏室等。目录编制尚为旧式，卡片分类亦然。善本室不能入，仅于善本阅览室门，酌择宋元明刊本写本及晋唐六朝写经等陈列于玻璃橱内，不能取阅，不无沧海一粟之感也。[②]

游历结束后，庄先生还特意作诗一首抒发其对新馆的赞美之情：

> 美轮美奂莫能京，百万金钱三载成。
> 营造翻新法式古，翠甍映日亮晶晶。
> 虽非天禄亦琳琅，今古东西一室藏。
> 若把菁华重组织，中邦文献愈光昌。[③]

邓云乡先生经常来图书馆，以至于说不清去过的次数。他评价图书馆：

---

① 北平图书馆昨正式开馆[N]. 北京：华北日报，1931-07-02（6）.

②③ 庄俞. 我一游记[M]. 上海：商务印书馆，1936：151.

> 成为当年远东最现代化的图书馆。为文化古城学子提供了一个地址最适中，条件最好的读书场所。国立北平图书馆的外观是十分华美的，它的内部更为精美。外部完全是中国宫殿式的，而内部则完全是西方式的，在三十年代初，它的内部设备，比之于大洋彼岸的美国国会图书馆毫不逊色。不说别的，单只它那中央大厅左右两侧下楼梯的卫生间，铺地六角小瓷砖，绿色的，外面看不到里面，里面看得见外面的窗玻璃，一色都是美国货，比北京饭店的还讲究……阅览室地板都是美国进口硬橡皮的，走上去无声音。说句笑话，当时能够在这里读读书，真是三生有幸啊……[①]

对于读者来讲，新落成的图书馆的确如邓云乡先生所说，是一个理想去处。这里既有国内最全的善本典籍，又有紧跟社会时政的各类新闻报纸，还有最前沿的西方学术杂志，即使待上一整天也觉得时间不够用。根据统计，自新馆开馆以来到馆读者逐年递增，图书、报纸、期刊阅读数量也随之递增。比如：1931 年 7 月至 1932 年 6 月，共开放 347 天，日均接待读者 459 人，阅览书籍 400387 册[②]。1935 年 7 月至 1936 年 6 月共开馆 358 天，日均接待读者 1323 人，阅览书籍 780924 册，阅书报者 475058 人[③]。在此期间，图书馆采取了增加座位、开辟阅览室、扩充研究室、延长开放时间（达 13 个小时）等措施以满足读者需要。显然，这座运用先进建筑材料和技术工艺、将西方现代化图书馆功能和中国传统建筑式样很好地融在一起的新建筑受到了社会的广泛欢迎。

---

① 邓云乡 . 文化古城旧事 [M]. 北京：中华书局，2015：190.

② 国立北平图书馆馆务报告：民国十九年七月至二十年六月 [M]// 王余光 . 清末民国图书馆史料汇编：第 6 册 . 北京：国家图书馆出版社，2014：215.

③ 李致忠 . 中国国家图书馆馆史资料长编（1909—2008）[M]. 北京：国家图书馆出版社，2009：222.

六、组织有力，后续建设

原计划利用 4 年时间、花费 100 万元建设的图书馆项目，最终受政局、物价等因素影响，历时 7 年才终告完成，投资也超过预期，达到银圆 1374060.99 元[①②]。尽管如此，从建成后的社会反响看，该项目无疑取得了巨大成功。这首先得益于中基会强有力的资金支持。其次，该建筑始终注重与周边环境协调，并采用民族建筑形式与现代建筑功能相结合的手法，顺应了时代的风气。而最重要的是以周诒春、袁同礼为代表的一批文化学者的悉心运作以及建筑委员会的尽责管理。担任建筑委员会委员长的周诒春为本工程的建设做出了杰出的贡献。周诒春早年就读美国威斯康星大学和耶鲁大学，获硕士学位；1913—1918 年任清华学校校长期间，邀请美国建筑师墨菲参与制定了校园规划，并主持了大礼堂、图书馆、科学馆、体育馆等重要建筑的建设。此外，他热心文化教育事业，先后在中基会、燕京大学、欧美同学会、协和医学院、中国营造学社等重要机构任职，与政府要员、文化学者有着广泛的交往。一方面，他的工作经历、工程管理经验以及广泛的人脉资源都为其领导国立北平图书馆新馆建设发挥了重要作用；另一方面，作为实干家的周诒春，在工程建设期间，事必躬亲，每天早晚两次，风雨无阻地亲临工地视察[③]。这不仅有助于他掌握现场情况，及时协调解决工程中遇到的各类问题，也为保证建筑的

---

① 北京图书馆业务研究委员会.北京图书馆馆史资料汇编（1909—1949）[M].北京：书目文献出版社，1992：1230.

② 原计划建设新馆的100万元经费包括工程建设和购置书籍两项内容，其中工程建设费用为 60 万—65 万元。1932 年 12 月，经中基会委托会计师审核，本工程建设最终投资为银圆 1374060.99 元，比原计划工程建设投资超出一倍还多。其中房屋花费银圆 501047.62 元，电力间花费银圆 229992.81 元，场地花费银圆 72375.22 元，卫生设备花费银圆 81576.40 元，电气设备花费银圆 18999.01 元，五金玻璃花费银圆 17669.25 元，油漆绘画板壁花费银圆 80154.00 元，装修花费银圆 250967.62 元，设计监工费花费银圆 121279.06 元。

③ 金富军.周诒春图传[M].北京：清华大学出版社，2019：145.

整体品质奠定了坚实基础。这一工程在建设期间得到中国营造学社、协和医学院的大力支持，乃至曾放置在燕京大学校园内的一座华表最终转送给国立北平图书馆，都应与周诒春有着密切的关系。

梁思成在 1935 年 11 月所做的《建筑设计参考图集序》中对新图书馆大楼给予了较为全面的评价：

> 民国十四年，国立北平图书馆征选建筑图案，标题声明要仿宫殿式样，可以说是中国人自己对于新建筑物有此种要求之始。中选者虽不是中国人，但其图案，却明显表示对于中国建筑方法的认识已较前进步；所设计的梁柱分配，均按近代最新材料所取方式，而又适应于与近代最新原则相同的中国原来构架；其全部外形之所以能相当的表现中国固有精神而不觉其过于勉强者，就在此点。可惜作者对于中国建筑各详部缺乏研究，所以这座建筑物，就只宜于远观了。[①]

有趣的是，在写这篇序言前不久，梁思成先生还接受国立北平图书馆邀请，在院内设计了一栋小体量的建筑以解决该建筑内新闻阅览室不敷使用的问题。新建筑仍采用宫殿式样，共十间，是带长廊的平房，计划春暖后开工建设[②]。1935 年 2 月 18 日，国立北平图书馆将设计方案以及 9500 元的工程预算一并报中基会批准。中基会批准了建设新闻阅览室的计划，但认为上报的计划过小，阅览室有可能很快又不够使用，便将工程预算增至 15000 元，并要求图书馆尽快与建筑工程师协商，调整设计方案后再报核准[③]。国立北平图书馆曾为这项工程支付过 1000 元的设计费，但除此之外没有留下该项目后续进展的任何记录，梁先生是否重新设计了方案以及该工程是否投入建设都有待新的发现。

---

① 梁思成 . 梁思成全集：第六卷 [M]. 北京：中国建筑工业出版社，2001：233-236.

② 北平图书馆增建新闻阅览室 [N]. 北京：世界日报，1935-02-13（7）.

③ 国家图书馆档案藏 1949 年前基建档案。

图 2-38 开馆典礼（国家图书馆档案室 藏）

北平圖書館新館落成

如今，这座图书馆建筑基本保持着原有的历史风貌，并仍面向读者提供阅览、展示、讲座等服务。九十余年来，图书馆对它的悉心管理和维护也从未间断，其中较大规模的修缮改造有两次。第一次是20世纪50年代，在该建筑北侧续接了“T”字形书库，与原有建筑结合形成“王”字形结构。第二次是20世纪90年代，国家图书馆对该建筑结构做了全面检测并进行了大规模修缮。2021年，国家图书馆已全面启动北平图书馆旧址保护规划编制工作，北平图书馆旧址修缮项目也已写入《“十四五”文化和旅游发展规划》。2022年，国家文物局已批准该修缮方案。可以相信，在结合新需求进行系统修缮后，国家图书馆文津街馆舍将以更好的面貌服务于社会。

北平沦陷
馆务南迁

1927年，南京国民政府成立，让长期处于政治、军事、经济纷争的北平城获得了短暂的喘息机会。这一时期的北平少了政治的纷扰，物价维持在较低的水平，成为文化人向往已久且名副其实的文化城。在相对宽松和平的社会环境下，整个北平的文化教育界迎来了文化发展的黄金时期。这一时期国立北平图书馆因运行经费有保证，新馆建成并投入使用，集聚了一大批文化学者，迅速成为城市的焦点。然而，一场国难打破了短暂的安宁。1933年，日军占领山海关，华北形势危急，收藏在北平的珍贵文物和书籍随时都有被损毁和掠夺的危险。迫于当时形势，国立北平图书馆将馆藏的珍贵文献南迁避险，而以袁同礼副馆长为代表的部分馆员也选择南下为战时图书馆事业另谋发展之路。

一、文献南迁以策安全

鉴于其时华北形势，北平不少文化机构开始甄选文物南迁以确保安全，国立北平图书馆也在此行列。1933年1月12日，担任国立北平图书馆委员会委员长一职的胡适先生主持召开委员会会议，议定将图书馆所收藏善本中的罕传本、唐人写经、方志中的稀见件、四库罕传本、内阁大库舆图暂存安全地点。考虑到南方天气潮湿，不宜保存古本书籍，馆方决定在北平和天津选择安全地点寄存。至5月23日，共有233箱珍贵文献转运完毕。其中，寄存在北京德华银行的有136箱（善本甲库86箱、敦煌遗书47箱、金石拓片3箱），天津大陆银行有81箱（善本甲库30箱、善本乙库38箱、舆图13箱），天津天主教之工商大学16箱（善本甲库16箱）[①]。5月26日，委员会再次决定将四库罕传本（请陈垣开书目）、全部方志、西文整部专门杂志装箱寄存在北平的安全地点[②]。

1935年，北平局势更趋紧张。国立北平图书馆委员会决定将此前寄存在北平和天津的珍贵文献南迁到相对安全的南京和上海。在1935年12月6日

① 北京图书馆业务研究委员会.北京图书馆馆史资料汇编（1909—1949）[M].北京：书目文献出版社，1992：373.

② 同①340.

国立北平图书馆请教育部报销部分装箱和运费函件所附的装箱清单中注明南运珍贵文献共计586箱，其中善本甲库197箱，善本乙库107箱，敦煌遗书49箱，内阁大库舆图15箱，汉石经、楚器及金石拓本8箱，西文整部科学杂志116箱，西文东方学书籍30箱，梁启超寄存书64箱[①]。国立北平图书馆馆藏的善本中只有文津阁《四库全书》(因受到宋哲元阻挠)和1936年1月后新购的善本没有南运，其他的善本均安全南运到上海和南京[②]。南迁文献的初始存藏地点也留有文字记录，详见表3-1。

表3-1　国立北平图书馆南运文献存放地点一览表[③]

存藏地点	存藏数量	存藏时间	备注
中央研究院化学、物理、工程研究所	50箱	1935年11月	现址为上海长宁路865号，先放在该所礼堂，因无人保管，后转存该所会议厅
上海商业储蓄银行	246箱	1935年12月	该行第一仓库
上海中国科学社	226箱	1935年12月	现址为上海明复图书馆
故宫博物院南京分院	15箱	1936年	为内阁大库舆图，随故宫文物南运到南京
国立中央大学图书馆	15箱	1937年初	现址为南京东南大学
中英文化协会	1箱	1937年春	现址为南京市鼓楼区委老干部局

① 北京图书馆业务研究委员会.北京图书馆馆史资料汇编(1909—1949)[M].北京：书目文献出版社，1992：424-428.

② 同①716.

③ 同①433-439.

图 3-1　原中央研究院化学、物理、工程研究所（现为中科院上海冶金研究所元培楼）

二、袁同礼率队南迁长沙，合办长沙临时大学图书馆

1937 年“七七事变”爆发，北平沦陷。主持国立北平图书馆日常工作的副馆长袁同礼先生不甘为敌傀儡，在征得教育部许可后于 8 月 10 日率部分职员离开北平，前往长沙。同日，馆方召开馆务会议，宣布袁同礼奉令离平，本馆中心工作南移，在长沙设立办事处[①]。此时，北京大学、清华大学、南开大学三所大学也南迁到了长沙，并奉命组成长沙临时大学。长沙临时大学设立文、理、工、法商四个学院，租用长沙城东韭菜园的湖南圣经学校和涵德女校作为校舍，并在衡山设立分校。由于学校迁移，原校内的图书大多来不及转

---

① 李致忠.中国国家图书馆馆史（1909—2009）[M].北京：国家图书馆出版社，2009：104.

移。袁同礼了解到相关情况后，决定与长沙临时大学合作筹办图书馆。1937年11月1日，长沙临时大学正式成立，双方合办的图书馆也同时成立，隶属于临时大学常委会，馆长由袁同礼兼任。截至当年12月底，临时大学图书馆已入藏中文图书6000册，西文原版及翻版书约2000册。这些图书大多为与学校教学有关的书籍。因战事交通不畅等缘故，图书馆订购的大部分国外新书并没有按时寄到①。

12月13日，日军攻占南京，长沙遭到日军飞机的多次轰炸。为长久计，临时大学决定迁往云南昆明。北平图书馆与临时大学合办图书馆的时间虽短，但提供的服务却受到师生的欢迎。临时大学希望合作能够继续，并请袁同礼一同前往昆明。袁同礼也有此意，便向中基会做了汇报。不料此举在1938年1月18日上海召开的中基会执委会上，遭到司徒雷登的强烈反对。他提出北平虽然沦陷，但北平图书馆并没有遭受任何侵犯主权的行动。部分职员南下已影响到北平的正常业务，国立北平图书馆应结束南方的工作，南下馆员也应立即返回北平②。为争取留在内地向科教团体提供服务，袁同礼积极与中基会、国立北平图书馆委员会成员沟通，详细说明国立北平图书馆在南方工作的意义以及执委会决议的不妥之处。1938年1月30日，国立北平图书馆委员会会议决定接受中基会授权司徒雷登维护国立北平图书馆在北平的权益，并建议中基会准予国立北平图书馆在湘人员继续在临时大学服务。1938年2月初，长沙临时大学蒋梦麟、张伯苓、梅贻琦三位校长又联名致电中基会，希望国立北平图书馆能够继续协助办理图书馆事务。这些意见促成中基会执委会改变了原来的决定。在1938年3月4日召开的执委会会议上，中基会同意国立北平图书馆在湘职员可以前往昆明，并服务到1938年6月。3月，国立北平图书馆长沙办事处撤销，馆员们开始向云南昆明迁移。

---

① 李致忠.中国国家图书馆馆史（1909—2009）[M].北京：国家图书馆出版社，2009：106.

② 同①107.

图 3-2　湖南圣经学校（长沙临时大学校址）[①]

三、馆务南迁，广设办事处

1938 年 3 月 11 日，国立北平图书馆委员会委员蔡元培、任鸿隽、傅斯年、袁同礼 4 人在香港九龙蔡元培先生家中就国立北平图书馆今后的工作进行了商讨。他们认为与临时大学的合作应继续下去，且应照原定办法自下学期起再延长一年。这次会上还议定了 1938—1939 年度的《国立北平图书馆昆明办事处工作大纲》[②]。显然，他们希望在昆明的工作不要受 1938 年 6 月这个时间节点的限制。1938 年 5 月 14 日，好消息传来，作为合办国立北平图书馆的另外一方，国民政府教育部发出了强有力的声音，“应迁昆继续工作，并应与西南

① 图片来源：http://baijiahao.baidu.com/s?id=1616287060156047525&wfr=spider&for=pc。

② 北京图书馆业务研究委员会.北京图书馆馆史资料汇编（1909—1949）[M].北京：书目文献出版社，1992：550.

各教育机关取得密切联络，以推进西南文化”①。此后，中基会没有再对袁同礼率队南下开展工作提出异议。袁同礼等南下馆员经过一段时间的具体工作以及对当时局势的研判，明确了国立北平图书馆战时工作重点：一是妥善保存已南迁的珍贵文献；二是继续维持北平馆的业务，并做好未迁文献的保护工作；三是以昆明为本部，做好包括国立西南联合大学在内的内迁教育文化科研机构的服务工作；四是组织中日战事史料征辑会，大规模搜集抗战资料；五是利用馆本部在西南的机会，广泛搜集西南文献，其他各地也应利用便利条件，广采珍贵文献和特色文献。为此，国立北平图书馆在国难之时围绕上述主要工作形成了昆明、北平两个基地，南京、上海、重庆、香港等多个办事处，袁同礼副馆长在昆明、香港两地指挥协调的组织格局（详见表3-2）。国立北平图书馆在各地设立的办事处有一个共同点，就是依靠当地的图书馆或者长期服务的学术研究团体，它的好处是双方有着共同的信仰和追求，有助于双方在战时互帮互助、共克时艰。

1. 昆明南馆

长沙临时大学迁往昆明后，更名为国立西南联合大学，于1938年5月4日正式开学复课。该校的理、工两个学院设在昆明，文、法商两个学院设在蒙自，称为蒙自分校。国立北平图书馆则继续与西南联合大学合办图书馆。西南联合大学图书馆总馆设在工学院内，蒙自分校另设图书馆分馆，袁同礼仍任图书馆馆长，有8名馆员参加图书馆相关工作。5月，国立北平图书馆昆明办事处在昆明柿花巷22号成立。1938年秋，因馆务日趋增多，袁同礼不再兼任西南联合大学图书馆馆长，所有馆员也调回昆明办事处。此后，鉴于中日战事史料的搜集和整理工作十分重要且较为复杂，昆明办事处决定与西南联合大学再次合作，于1939年1月1日在昆明地坛合组成立了中日战事史料征辑会。国立北

---

① 北京图书馆业务研究委员会. 北京图书馆馆史资料汇编（1909—1949）[M]. 北京：书目文献出版社，1992：601.

平图书馆还在昆明办事处内设立了抗战史料室，整理后的抗战史料都存放于此，并对外开放服务。1939 年 4 月 10 日，教育部社会教育司致函国立北平图书馆，称部长指示："该馆现已迁滇，如在滇仅设办事处，殊不足以正观听，亟应加以调整，将办事处改组为馆本部，并呈送组织法规候核。"[①] 根据这一指示，昆明办事处升格为馆本部，被馆中人称为"南馆"，原北平馆则为"北馆"。云南虽处战略后方，但也经常遭到日军的空袭。1940 年 10 月，迁到昆明文庙尊经阁内的馆舍曾遭到三次敌机轰炸。在 1941 年 1 月的一次空袭中，"昆市文庙几全部被毁。该馆址在尊经阁内，相距甚近，亦受波及，房屋为枪弹碎片洞穿三十余处，纸窗门扇亦均受震倾斜，所幸尚无损失，刻经略事修理照常办公矣"[②]。为保护书籍，这次灾难后，南馆将一部分西文书籍迁到重庆，又将重要书籍疏散到距离昆明城 20 公里的北郊桃源村。一份 1941 年的职员表显示，昆明办事处当时共有 17 名馆员，分别在昆明文庙、起凤庵、史料会以及大理等地办公[③]。

表 3-2 国立北平图书馆驻外办事处一览表

各地分支机构	具体地点	开办时间	结束时间	备注
长沙办事处	长沙城东韭菜园	1937 年 11 月	1938 年 3 月	与长沙临时大学合办图书馆
香港办事处	冯平山图书馆	1938 年初	1943 年底	
昆明办事处（后升格为本部）	柿花巷 22 号、文庙尊经阁内	1938 年 5 月	1946 年 10 月	馆员还在其他多地办公
重庆办事处	重庆南开中学内	1941 年 1 月	1946 年 10 月	受南开大学经济研究所之邀

---

① 北京图书馆业务研究委员会.北京图书馆馆史资料汇编（1909—1949）[M].北京：书目文献出版社，1992：683.

② 李致忠.中国国家图书馆馆史资料长编（1909—2008）[M].北京：国家图书馆出版社，2009：318.

③ 同②304.

续表

各地分支机构	具体地点	开办时间	结束时间	备注
南京办事处（前身是工程参考图书馆）	中央地质调查所、金陵大学图书馆	1936 年 9 月	1949 年 9 月以后	南京沦陷后，办事处工作中断
上海办事处	中国科学社、宝庆路 17 号住宅	1935 年底	1950 年 2 月	1941 年，办事处还在震旦博物院附近租过民房，具体地点不详

备注：数据来自《1941 年北平馆驻外办事处职员表》，当时还设有仰光办事处、华盛顿办事处。

图 3-3　国立西南联合大学[①]

2. 香港办事处

香港办事处成立于 1938 年初。当时国立北平图书馆南下的馆员正准备从长

---

① 图片来源：https://www.sohu.com/a/217813037_137204。

沙迁往昆明，经香港前往，交通最为便利。袁同礼将刚刚从北平赶到长沙的孙述万等四位馆员派往香港筹建国立北平图书馆香港办事处。香港办事处的主要工作就是接送经香港前往云南的临时大学师生以及国立北平图书馆的工作人员，并搜集近代科学及工程参考书报。孙述万等人到达香港后，将工作地点设在了般咸道 90 号的冯平山图书馆。香港办事处开设不久，就显现出交通邮寄便利的优势。此后，国立北平图书馆订购海外书报，南、北馆与各办事处之间的通讯都通过香港办事处中转。在此期间，香港办事处与冯平山图书馆建立了良好的关系，双方都可以借阅彼此所藏的书报。1941 年底，日军占领中国香港，当时暂存在香港办事处的两万余册书刊资料来不及转运全被日军扣留。孙述万也被困香港，直到 1943 年底才脱身。随着他的离开，香港办事处的工作宣告结束[①]。

图 3-4　香港办事处所在地——冯平山图书馆[②]

① 李致忠.中国国家图书馆馆史（1909—2009）[M].北京：国家图书馆出版社，2009：131.

② 图片来源：http://news.wenweipo.com/2018/06/22/IN1806220027.htm。

3. 重庆办事处

重庆是抗战时期中国的政治、经济、军事和文化中心，有许多学术机构战时都迁往重庆。这些机构都特别希望国立北平图书馆能在书刊资料方面给他们提供便利。位于重庆沙坪坝的南开大学经济研究所提出，如果国立北平图书馆将西文书刊移存到重庆，该所可以提供收藏和阅览场地。袁同礼与重庆许多机构多有往来，他也希望在重庆设立办事处以方便开展有关工作。1941 年 1 月，南馆遭到敌机轰炸后，大家意识到在战时文献分散保存更加安全，便将一部分西文文献迁到了重庆，寄存在南开大学经济研究所（重庆南开中学内）。南馆也以此为契机，设立了重庆办事处。重庆办事处设有政治经济参考室、工程参考室、影片图书室，并对社会公众开放。国立北平图书馆一度中断的《图书季刊》也于 1943 年在重庆复刊。

图 3-5　重庆办事处所在地——重庆南开中学[1]

① 图片来源：http://www.sohu.com/a/224656156_630114。

4. 南京办事处

南京办事处的前身是国立北平图书馆在中央地质调查所内设立的工程参考图书馆。这是 1936 年 9 月国立北平图书馆为了满足国家经济建设需要在外地最早建立的分支机构。中央地质调查所（现为南京地质博物馆）于 1935 年从北平迁到南京，其所址在一栋新建的现代建筑内，共有三层，由著名建筑大师童寯设计。工程参考图书馆就设在其中，主要向工程界提供工程参考书、工程期刊、工程公司出品目录、工程照片等资料。1937 年 12 月，南京沦陷。1938 年，上海办事处曾托伪教育部工作人员了解该馆情况。据称，中央地质调查所门口已悬挂“中文图书文献整理馆”门牌，且有日军守卫，不得入内，工程参考图书馆馆藏文献全部被日军接收。南京沦陷后，南京办事处的工作暂时中断，由上海办事处代为处置。

图 3-6　位于中央地质调查所内的南京办事处——工程参考图书馆[①]

① 图片来源：weibo.com/1070515480/JdJbRwbZw?from=page_1005051070515480_profile&wvr=6&mod=weibotime&type=comment#_rnd1608623114242。

5. 上海办事处

根据统计，国立北平图书馆保存在上海的文献有善本书 6 万余册、敦煌遗书 9000 余卷、金石碑帖数百件、西文善本和专门杂志 1 万余册。其中有近一半藏在上海中国科学社明复图书馆内。1935 年底，文献运到上海后，国立北平图书馆便在中国科学社设立了上海办事处。根据双方签订的契约，上海中国科学社代为保管国立北平图书馆的部分书籍。其中，中文善本书 80 箱（不开箱）存放在明复图书馆顶层书库，另有 146 箱西文书由国立北平图书馆派员整理并提供公开阅览。国立北平图书馆派员代为整理上海中国科学社明复图书馆所藏图书，作为寄存书籍之费用[①]。明复图书馆建成于 1931 年，南面三层，主要为阅览、办公空间，北面五层为书库，采用美国进口的钢制书架，是我国优秀的近代图书馆建筑。上海办事处早期只有李耀南、钱存训两人，后又有陈贯吾、李芳馥加入，钱钟书作为英文《图书季刊》的主任参与了相关工作。根据钱存训先生的记录，上海办事处除了完成中国科学社图书馆的编目工作，还有以下几项工作：一是《图书季刊》的出版和发行；二是资料的采访和与国外文化机构的联络；三是抢购市面上的善本书；四是搜集敌伪资料，并经由香港转送昆明；五是保管存书，这也是上海办事处最重要的一项工作[②]。

上海虽沦陷，但由于租界的原因，与其他敌占区相比文献安全稍有保障。即便如此，为了保证安全，上海办事处仍对上海存书组织了多次转运，有资料可查的藏书地点包括公共租界仓库、逸园、英栈、法租界汶林路民房等地，其中最珍贵的中文古籍善本都转存到了法租界内的震旦大学，而西文书则一直存放在法租界内的中国科学社图书馆。1941 年 2 月，上海办事处也搬至

---

① 北京图书馆业务研究委员会.北京图书馆馆史资料汇编（1909—1949）[M].北京：书目文献出版社，1992：429-432.

② 同①1332.

图 3-7 上海办事处所在地——中国科学社明复图书馆[①]

离震旦大学较近的一处民房内，为节省开支，上海办事处仅租了一间房，月租金为 100 元。此时，太平洋战争一触即发，保存在租界的文献也变得不安全了。经时任国民政府驻美国大使胡适协调，国立北平图书馆决定将最重要的文献转运到美国国会图书馆寄存。袁同礼、王重民、徐森玉等人亲自赴沪参与此项工作。1941 年 3 月 12 日—13 日，300 箱珍贵文献被悄悄转运到位于公共租界英国人所属的美术工艺品公司（Arts and Crafts Co.）并在此进行开箱挑选。3 周后，102 箱约 3 万余册最精者整理完成装箱、编目并用铁皮密封等待时机运往美国。而拟定的数个书籍运美方案都因难以躲避日军耳目或存在不安全因素未能成行[②]。直到 10 月善本运美工作仍无进展，而市面上开始传言日伪

① 赵建爽 . 图书馆老照片 [M]. 北京：国家图书馆出版社，2020：98.

② 北京图书馆业务研究委员会 . 北京图书馆馆史资料汇编（1909—1949）[M]. 北京：书目文献出版社，1992：1313-1315.

将收回租界，形势变得更加危急。一次偶然的机会，钱存训得知他妻子的同学有一位张姓内兄在海关任外勤，便找他帮忙。没想到张先生一口答应，说在他值班时，可把书箱送到海关，由他担任检查，或可保守秘密，不引起注意。于是上海办事处将这 102 箱书分 10 批次交给商船运送，每次约 10 箱，以中国书报社代美国国会图书馆购买新书的名义开具发票报关。这样从 10 月份开始，前后历经两个多月的时间，最后一批图书于 1941 年 12 月 5 日由上海运往美国[①]。两天后的 12 月 7 日，日本偷袭珍珠港，日美相互宣战。这批珍贵文献因赶在日军进驻租界前成功转运而得以保全。

6. 北馆

北馆在抗战时期的馆务工作以 1941 年 12 月太平洋战争爆发为节点，可分为前后两个时期。前一时期，由总务部主任王访渔等三人组成的行政委员会负责内部馆务，重大决策会事先请示远在昆明的袁同礼；对外工作则由中基会代表司徒雷登负责。虽然面临的困难很多，但所幸有美国背景，日本人对图书馆的日常运行没有过多干涉，馆务还能自主维持。后一时期，北馆被日伪政府接管，更名为“国立北京图书馆”，周作人以教育总署督办兼任馆长。在此期间，日军加强了到馆检查“禁书”的力度，并派员赴上海查收南运的文献。驻扎在静生生物调查所的日本军队为了保证自己取暖，还截断了北馆的供暖线路（两单位共用一处锅炉房），北馆一度被读者戏称为“广寒宫”[②]；居仁堂馆舍也被伪华北电业公司、伪华北政务委员会强行占用[③]。留守馆员“未敢擅离职守，隐忍于伪组织管理之下，与之相周旋数载”[④]，正是他们的努力，才保证了阅览事务在白天基本能够开放，这也算是不小的奇迹。

---

① 北京图书馆业务研究委员会.北京图书馆馆史资料汇编（1909—1949）[M].北京：书目文献出版社，1992：1332-1336.

② 李致忠.中国国家图书馆馆史资料长编（1909—2008）[M].北京：国家图书馆出版社，2009：354.

③ 同②360.

④ 同①803.

四、文献回迁，商借周转库房

抗战胜利后，北平光复。这一时期国立北平图书馆的主要任务是清理、追索、回迁抗战时期南运以及新入藏的文献，接收敌伪书籍资料，重新恢复各项业务。1946年10月，昆明南馆、重庆办事处撤销，两地的文献陆续运回北平。设在南京和上海两地的办事处因清点、追索、回迁文献的工作量巨大，不得不长期租借房屋继续办公。1946年，南京办事处设在金陵大学图书馆内（天津路四号），共有3名职员，由顾斗南负责。南京办事处的主要工作是寻找并回迁保存在南京的珍贵文献以及工程参考图书馆的书刊，搜集并整理日伪政府出版物以及江南各省刊物等。在此期间，为解决各大学缺少工程图书和杂志的困难，南京办事处利用在金陵大学图书馆办公的便利条件开展了在馆阅览服务。上海办事处设在宝庆路17号，共有5名职员，由李芳馥负责。根据1949年8月23日上海办事处给王重民（当时主持国立北平图书馆工作）的报告，上海办事处已分别于1947年、1948年回迁了两批文献，剩下的文献分藏在上海办事处、上海中国科学社、震旦博物院、震旦图书馆四地，需分装成300箱，预计需要6个月左右时间才能完成[①]。在全体馆员的积极努力下，南迁的大部分珍贵文献在战后都安全运回了北平。只有此前运美的珍贵文献以及寄存在故宫博物院南京分院的舆图后因政局变化而被转运到了台湾。而香港办事处遭日军扣留的文献，以及寄存在中英文化协会的1箱珍贵文献至今杳无音信。

北平光复后，国立北平图书馆还在北平接收了日本图书保存会等日伪机关的25万册/件书籍资料。这一时期，图书存放困难的问题十分严重。一方面是文津街馆舍因战时受损急需维修，居仁堂馆舍被其他单位占用，一时无法收回[②]；另一方面是大量的文献需要存藏。为此，袁同礼采取了一系列措施解

---

① 北京图书馆业务研究委员会.北京图书馆馆史资料汇编（1909—1949）[M].北京：书目文献出版社，1992：941-948.

② 李致忠.中国国家图书馆馆史（1909—2009）[M].北京：国家图书馆出版社，2009：138.

决存书难的问题。首先是立足馆内，委托基泰工程司、元大营造厂分别承担主楼月台以及锅炉房的设计和维修任务，并在馆舍内新建了一处书库和一处阅览室[①]。其次是向故宫博物院商借其所属的太庙东西配殿收藏接收的日文书籍，租借中德学会[②]房屋作为德法汉学研究书库，以及借用北海公园静心斋、庆霄楼、悦心殿等房屋暂存书刊资料。即便如此，这些房舍仍不能满足图书馆使用需要，国立北平图书馆便又向北海公园商借先蚕坛、天王殿、琉璃塔等处房舍，北海公园委员会表示同意，但条件是需修缮这些在战时损坏的房舍。国立北平图书馆为此筹措了一定经费，无奈当时物价飞涨，该计划只好作罢[③]。

图 3-8 南京办事处所在地——金陵大学图书馆（现为南京大学校史博物馆）

---

① 北京市档案馆，档案卷号 J004-001-00197。

② 中德学会是由中德两国学者在北平成立的以促进中德两国文化交流为使命的学术文化团体。创办初期得到了北平图书馆资助，并在馆内办公，后搬迁至地安门附近的黄化门新址。

③ 北京市档案馆，档案卷号 J077-001-00186。

图 3-9　震旦大学图书馆，现为上海交通大学医学院老红楼[①]

图 3-10　20 世纪 40 年代在文津街馆舍院内东北角新建的阅览室（林俊飞　摄）

① 赵建爽．图书馆老照片［M］．北京：国家图书馆出版社，2020：107.

图 3-11　太庙东配殿

图 3-12　中德学会旧址（赫达 · 莫里逊　摄）

图 3-13　北海公园静心斋

图 3-14 北海公园悦心殿

在解决藏书难题的同时，国立北平图书馆的其他业务也在逐步恢复。1947 年 3 月，国立北平图书馆与松坡图书馆展开合作，将若干中文副本图书提供给松坡图书馆供读者借阅。此举既可以缓解库房压力，又可以解决松坡图书馆馆藏匮乏的困境。截至 1948 年底，国立北平图书馆阅览室及研究室由复员前已有的 5 个，增加至 14 个。其中，日本研究室设在太庙，悦心殿阅览室则在北海公园内。1948 年底，中国人民解放军完成了对北平的包围。1948 年 12 月 21 日，袁同礼匆匆离开北平，临行前将馆务拜托给了王重民。1949 年 1 月，北平和平解放，全体馆员期待在新政权领导下，国立北平图书馆事业能获得新生。

图 3-15　1945 年北平城航拍图，西侧可见图书馆建筑（张冕　提供）

多管齐下
扩充馆舍

1949年2月，中国人民解放军北平市军事管制委员会正式接管国立北平图书馆；6月，华北高等教育委员会成立后，国立北平图书馆划归其管理；10月，新中国成立，国立北平图书馆随之更名为北京图书馆，并移交文化部领导[①]。在人民政府的领导下，北京图书馆各项事业发展迅速。1952年，藏书由解放前的145万册[②]增长到420万册[③]，且每年的入藏量以50万—60万册的速度持续增长。面向公众的阅览、讲座、展览、参考咨询等服务也广受欢迎。20世纪50年代初期，来馆阅览的读者每年有近20万人次。在馆内时常可见读者排成长队等待领取听讲券的景象，有些场次的听讲人数竟达到1700多

图4-1 解放初期文津街馆舍（国家图书馆档案室 藏）

① 李致忠.中国国家图书馆馆史（1909—2009）[M].北京：国家图书馆出版社，2009：156.

② 同①179.

③ 李致忠.中国国家图书馆馆史资料长编（1909—2008）[M].北京：国家图书馆出版社，2009：409.

人[①]。与之不相适应的是，北京图书馆的馆舍面积仅有8000平方米、书库的藏书能力也仅为50万册，北京图书馆迫切需要扩建馆舍以满足业务发展需求。然而，新中国成立初期，百废待兴，国家还没有条件满足北京图书馆扩建馆舍的要求，更何况与其他机构相比，北京图书馆的整体条件算是好的。为此，北京图书馆只能在发展中寻求机遇，逐步改善馆舍条件。

一、合并松坡图书馆，建立北海分馆

北京图书馆与东邻的北海公园颇有渊源：先是在20世纪20年代，在琼岛租借房舍开办“北京图书馆”；在解放前，还租用过庆霄楼、悦心殿、静心斋等地存放南迁回京的文献。这一次则是将位于北海公园北岸的松坡图书馆并入北京图书馆。松坡图书馆位于北海快雪堂，原是皇帝后妃到北海公园阐福寺拈香时沐浴、更衣、休息之地。因保存以晋代王羲之《快雪时晴帖》为代表的精美石刻而闻名于世。它是一处由垂花门、抄手廊围合而成的四合院落，院落依南低北高的地势而建，前后共分三进，依次为澄观堂、浴兰轩、快雪堂。

1916年，中国近代民主革命家蔡锷病逝于日本。梁启超作为蔡锷的老师在上海为其举办了公祭活动，并以蔡锷的字为名，发起创办松坡图书馆。由于时局和经费等原因，当时仅成立了松社。1920年，梁启超自欧洲游历归来后在北平欧美同学会组织读书俱乐部。1922年，有鉴于当年松社的大多数成员都在北平，梁启超便旧事重提，以读书俱乐部收藏的6000余册外文图书以及杨守敬旧藏的24000余册中文图书为基础创办松坡图书馆。该计划得到了政府批准，并拨北海快雪堂以及西单石虎胡同7号官房作为松坡图书馆馆址。松社成员制定了图书馆简章，推梁启超为馆长，蒋复璁、徐志摩、何澄等人受聘为图书馆职员。1923年11月4日，松坡图书馆在快雪堂召开成立大会，议定

---

① 李致忠.中国国家图书馆馆史资料长编（1909—2008）[M].北京：国家图书馆出版社，2009：425.

以快雪堂为第一馆，专藏中文图书；石虎胡同7号为第二馆，专藏外文图书。梁启超在次日写给爱女梁思顺的信中写道：

> 宝贝思顺：
>
> 昨日松坡图书馆成立（馆在北海快雪堂，地方好极了，你还不知道呢，我每来复四日住清华三日住城里，入城即住馆中），热闹了一天。今天我一个人独住在馆里，天阴雨，我读了一天的书，晚间独酌醉了（好孩子别要着急，我并不怎么醉，酒亦不是常常多吃的），书也不读了。和我最爱的孩子谈谈罢……①

1924年4月，著名诗人泰戈尔来华访问，梁启超特意在快雪堂接待了泰戈尔一行。1925年10月，也就是北海公园开放不久后，松坡图书馆快雪堂馆舍正式对读者开放，其中第一进澄观堂为阅览室，第二进浴兰轩是书库，第三进快雪堂设为蔡公祠，每到蔡锷的祭日都会在此举办纪念活动。

松坡图书馆日常运行主要靠会员资助和募捐。1929年，梁启超去世后，该馆未再聘任馆长，运行经费也日益趋紧。为维持正常运转，松坡图书馆变卖了石虎胡同7号房产，将图书合并到北海快雪堂继续对外开放。到了1947年，松坡图书馆已无力购买新书，便与国立北平图书馆展开合作，由国立北平图书馆将馆藏的中文副本图书无偿提供给松坡图书馆使用，而松坡图书馆需按月向国立北平图书馆反馈读者借阅情况。1949年春，松坡图书馆常务干事会的叶景莘将该馆的有关情况报告给朱德总司令；6月28日，经华北高等教育委员会批准，松坡图书馆合并到国立北平图书馆。根据接管办法，松坡图书馆原有的干事会与常务干事会取消，馆务由国立北平图书馆统一管理；为纪念蔡锷将军，蔡公祠保留，松坡图书馆发起人及维持人仍可继续维护祠堂并举办纪念典

---

① 梁启超．梁启超家书［M］．天津：百花文艺出版社，2017：122.

图 4-2　位于石虎胡同 7 号的原松坡图书馆馆舍内景（国家图书馆档案室　藏）

礼；大门同时悬挂国立北平图书馆分馆和蔡松坡先生纪念堂匾牌；松坡图书馆所有的图书、家具、房屋均由国立北平图书馆接收；松坡图书馆员工由国立北平图书馆斟酌留用，并享受与国立北平图书馆员工同等待遇。9 月 1 日，国立北平图书馆北海分馆正式成立，并以松坡图书馆为馆址对外开放[①]。原先租借北海公园的庆霄楼、悦心殿、静心斋等地则继续租用，除悦心殿作为新文化书籍阅览室短暂开放过一段时间外，其他房舍主要用于存放图书[②]。1951 年 3 月，静心斋的一部分房舍（镜清斋以东）转给政务院文史研究馆使用，存放在这里的图书转移到景山寿皇殿暂存[③]。

①②　李致忠.中国国家图书馆馆史资料长编（1909—2008）[M].北京：国家图书馆出版社，2009：427.

③　北京图书馆馆史资料汇编（二）编辑委员会.北京图书馆馆史资料汇编（二）（1949—1966）[M].北京：北京图书馆出版社，1997：1403-1427.

图 4-3　松坡图书馆位于北海公园快雪堂的馆舍（国家图书馆档案室　藏）

图 4-4　松坡图书馆快雪堂馆舍的书库（张冕　提供）

图 4-5 景山公园寿皇殿

二、腾退庆霄楼，开辟西黄城根馆舍

北京市西黄城根北街 21 号现在是文物出版社所在地。1987 年以前，它也是北京图书馆的一处馆舍（当时门牌号为警尔胡同 4 号）。这处馆舍的由来与北海公园也有一定关系。1954 年，北海公园希望北京图书馆腾退庆霄楼，以便其作为举办展览活动的场地。但北京图书馆有大量藏书存放在这里，很难立即满足北海公园的要求。为此，北京市副市长吴晗专门找到文化部副部长郑振铎交涉。经协商，北京图书馆同意腾退该房，但北京市需向北京图书馆提供其他房屋，以便解决图书无处可藏的实际困难。不久，北京市提供了两处房源备选，一处是天坛长廊，一处在警尔胡同。天坛长廊的房舍不适宜存放图书，故未考虑。而警尔胡同的空房原是西什库天主教堂的房产，有十几家单位抢着租用这处院子。在北京市的帮助下，西什库天主教堂将该处房产租给了北京图书馆[①]。这处院落共有 70 余间房，占地面积约 13 亩。1955 年 12 月，为进一步扩大馆舍空间，北京图书馆提出征用院内部分土地进行基本建设，得到了有关

图 4-6 西皇城根报库，现为富乐山酒店（国家图书馆档案室 藏）

① 北京图书馆馆史资料汇编（二）编辑委员会.北京图书馆馆史资料汇编（二）（1949—1966）[M].北京：北京图书馆出版社，1997：1599.

方面的同意[①]。1958年1月，新楼建成，它呈“]”形，地下一层，地上四层，建筑面积3964平方米，主要保存中外文报纸，并设有报纸阅览室。这座新建筑成为北京图书馆西黄城根馆舍，并于1958年3月对读者开放。

三、收藏《龙藏》经版，入驻柏林寺

柏林寺位于北京市二环内东北角，是一座具有500年历史的著名寺院。该地成为北京图书馆馆舍，也颇具戏剧性。

1955年8月，故宫博物院向文化部提出，拟将藏在柏林寺的八万块《龙藏》经版[②]拨给北京图书馆。文化部提出此事两家单位直接协商更好。故宫博物院便致函北京图书馆，并特别提到柏林寺还有不少空房可以利用。北京图书馆对此十分动心，立即派人实地查看。经询问寺庙主持人，对方也表示可以把庙内空房无偿借给北京图书馆存书。因此，正在为库房发愁的北京图书馆同意了故宫博物院的提议。10月15日，双方派员会同柏林寺主持僧人接收了藏有经版的四个库房，同时谈妥了借用该寺中殿、后殿、西配殿的空房42间作为书库[③]。除了北京图书馆，寺庙还有一部分房舍被工厂及其家属占用。1958年春，东城区成立红旗学校（国子监中学前身），又占用了寺庙的一部分房舍。红旗学校是一所半工半学性质的学校，在寺庙内建设了打铁炉、焊接厂、耐火砖烧制厂、翻砂车间等设施，这些都严重威胁馆藏文献以及寺庙的安全。北

---

① 北京图书馆馆史资料汇编（二）编辑委员会.北京图书馆馆史资料汇编（二）（1949—1966）[M].北京：北京图书馆出版社，1997：1604.

② 《龙藏》经版因奉清雍正皇帝御旨雕刻，且每卷首页均有雕龙万岁牌而得名。它始刻于雍正十一年（1733），完成于乾隆三年（1738），全部经版均选用上好的梨木雕造，正反两面均雕有文字，刻工精细，字体浑厚端秀。自问世以来，《龙藏》经版的印刷量极少，累计总数为150—200部。其中印刷量最大的一次是在刻成之初，共刷印一百部经书，分赐全国各大寺院。《龙藏》经版最初保存在故宫武英殿，后因取印不便，于乾隆后期迁入柏林寺存放。1982年，为更好保护这批珍贵的经版，北京市将其移到智化寺保存，成为智化寺的镇寺之宝。

③ 同①1668.

图 4-7 柏林寺馆舍（国家图书馆档案室 藏）

京图书馆出面交涉此事，对方不但置之不理，还要求北京图书馆迁出寺庙。1960 年 8 月，北京图书馆向北京市文化局请求将红旗学校迁出柏林寺[①]。几经协调，1962 年 10 月，北京市决定，柏林寺全部房舍（10 个院落，150 间房

① 北京图书馆馆史资料汇编（二）编辑委员会.北京图书馆馆史资料汇编（二）（1949—1966）[M].北京：北京图书馆出版社，1997：1668-1670.

屋殿宇）划归北京图书馆使用，北京图书馆办理了承租手续[①]。11月，为提高柏林寺的藏书能力，北京图书馆对柏林寺进行了局部加固改造。实施的具体项目包括：①推展楼廊门窗，增加使用空间；②门窗改装玻璃，改善室内光线条件；③加固后楼2层；④加高北墙，消除火灾隐患。改造完成后，柏林寺使用面积增加至2260平方米，藏书能力达到了160万册[②]。此后，北京图书馆在院内陆续增建了一些临时性的简易库房，并开辟了阅览空间，向读者提供中外文期刊以及外文图书的借阅服务。为保护古建筑、预防火灾，室内不允许生火取暖，也不允许增设照明设备，因此这里的工作和阅览条件十分艰苦。

图4-8 柏林寺馆舍阅览室（国家图书馆档案室 藏）

① 李致忠.中国国家图书馆百年纪事（1909—2009）[M].北京：国家图书馆出版社，2009：63.

② 北京图书馆馆史资料汇编（二）编辑委员会.北京图书馆馆史资料汇编（二）（1949—1966）[M].北京：北京图书馆出版社，1997：1686.

四、立足文津街馆舍建设

新中国成立后文津街馆舍的建设情况得先从建设用地说起。1925年北京政府教育部与中基会合办国立京师图书馆时，一共购买了两块地。东边紧靠北海公园的旧御马圈地块用来建设新图书馆，西边的旧操场空地作为图书馆发展用地预留。新馆建设时，中基会提出在预留用地上建设静生生物调查所大楼（下称静生大楼）。中基会委托北京图书馆建筑委员会安那委员担任该项目的建筑师，工程管理工作也一并交由建筑委员会负责。静生大楼与国立北平图书馆新馆同期建成。此后，为支持静生生物调查所的生物调查事业，北平图书馆还将馆藏的生物学书籍、杂志保存在静生大楼以方便其利用，每年新购的图书、期刊也会按照该所需求采购。

新中国成立后，国家组建中国科学院，负责管理静生生物调查所。新组建的中国科学院没有合适的房舍办公，中央人民政府文教委员会副主任陆定一便召集各有关单位商议，中国科学院陶孟和、严济慈，教育部钱俊瑞、汤用彤，文化部沈雁冰、王冶秋、王重民等同志参加了这次会议。会议决定暂由北京图书馆和北京大学借让一部分房舍给中国科学院使用，责成静生生物调查所迁往西郊，并将北京图书馆存书移出，静生大楼暂作中国科学院院部的办公地点。俟该院新院建成后，连楼带地再一并归还北京图书馆[①]。1950年春，北京图书馆将静生大楼移交中国科学院。6月23日，中国科学院迁至静生大楼（当时门牌号为文津街3号，后调整为文津街9号）。1951年，中国科学院在该建筑北侧新建大楼，北京图书馆对此极为不满，指出在本馆用地上建设新楼应事先告知以便照顾将来发展；北京图书馆现有馆藏208万册，约有100万册储藏在北海、午门及景山，中国科学院应尽快做

---

① 北京图书馆馆史资料汇编（二）编辑委员会.北京图书馆馆史资料汇编（二）（1949—1966）[M].北京：北京图书馆出版社，1997：1447.

建设总院址的计划，以便早日将静生大楼连同地基归还北京图书馆[1]。1966年7月，中国科学院院址迁往友谊宾馆，静生大楼由国务院收回。1972年，周恩来总理了解到北京图书馆馆舍紧张的情况后，责成有关部门将中国科学院的两栋楼划拨给北京图书馆使用。其中南楼即原静生大楼，北楼便是中国科学院于1951年新建的灰楼。两栋楼的总建筑面积为6364平方米，北京图书馆收回使用后，将南楼、北楼分别编号为4号楼、5号楼。4号楼共三层，作为行政办公用房使用，5号楼地下一层、地上三层，布置有书库、阅览室、研究室等业务用房并对读者开放。同时划拨给北京图书馆的还有鼓楼西大街的一处院落，房舍面积为3858平方米，曾先后归苏联红十字医院、皮肤研究所使用。北京图书馆将其接收后，曾用作书库，现已成为职工宿舍。

新中国成立后，除借给中国科学院使用的地块外，北京图书馆文津街馆舍（解放初期门牌号为文津街1号，后调整为文津街7号）占地约45亩。已有建筑占地约6亩，院内尚有一定条件进行适当扩建以解燃眉之急。自20世纪50年代起，北京图书馆陆续在院内建设了一些新建筑。先是在主楼东侧建设了一栋展览厅，满足展览、讲座业务的需求。该建筑共有252平方米，1951年9月3日竣工并投入使用。接着是1952年经文化部批准，北京图书馆在原有主楼（1号楼）北侧扩建“T”形书库与主楼连接。该书库于1954年3月15日开工，1955年7月20日竣工，1955年8月19日投入使用[2]。扩建书库的建筑形式与主楼书库部分完全一致，但建筑外立面采用浅黄色涂料，与主体部分的浅绿色调以示区别。“T”形书库的“一”字部分共有六层，“I”字部分四层与已有建筑连接。为提高藏书能力，书库内部沿用了钢制堆架形式，设计藏书100万册，扩建完成后主楼建筑面积增加至12200平方米。书库开工后不

---

① 北京图书馆馆史资料汇编（二）编辑委员会.北京图书馆馆史资料汇编（二）（1949—1966）[M].北京：北京图书馆出版社，1997：1447.

② 同①1616-1617.

图 4-9　静生大楼[①]

图 4-10　鼓楼西大街 113 号院房舍

① 图片来源：http://cn.chinagate.cn/news/2019-09/11/content_75175201.htm。

久，在它西侧又建成了一栋二层办公楼（3号楼），建筑面积约1138平方米。1954年6月起，馆内大部分员工陆续迁移到该楼办公，主楼腾出的空间用于开展读者服务。1965年12月，北京图书馆又在办公楼南侧建设了一栋地下一层、地上两层的业务用房（2号楼），主要用于照相复制以及阅览服务。进入20世纪80年代，随着图书馆事业的快速发展，文津街馆舍用房不足的矛盾更加突出。在国家建委副主任宋养初[①]的协调下，北京图书馆拆除了展览厅并在原址上建成了一栋美观适用的仿古建筑，该建筑面积约4000平方米，呈“凹”字形，地下一层为书库，地上二层的南、北均设置为开架阅览室。由于建筑主立面朝东，与北海公园琼岛相对，便命名为“临琼楼”（6号楼）。1984年，北京图书馆在2号楼的南侧，又建成了一座建筑面积约1380平方米的二层楼（7号楼），主要供《文献》编辑部、职工大学等内设机构使用。此外，在不同时期，北京图书馆还在院内建设了大量的平房以满足各种需要（详见下表4-1）。

① 宋养初曾组织开展北京图书馆新馆工程设计方案遴选工作。

表 4-1 历年来文津街馆舍主要建筑建设情况一览表

建成时间	项目名称	当时主要功能	建筑面积（平方米）	位置	备注
1931 年	平房	发电厂、锅炉房	1000	院落西北角	现为供暖
1931 年	文津楼（1 号楼）	阅览、办公、书库	8000	院落中部	功能未变
1951 年	展览厅	讲座及展览	252	主楼东侧	现已拆除
1954 年	弘文楼（3 号楼）	办公	1138	主楼西北侧	功能未变
1955 年	文津楼扩建	书库	4200	主楼北侧	功能未变
1965 年	学思楼（2 号楼）	照相复制、阅览	1400	主楼西侧	现为办公
1972 年（接收）	4、5 号楼	阅览、办公、书库	6364	院落西侧	1988 年移交其他单位
1982 年	临琼楼（6 号楼）	阅览、书库	4000	主楼东侧	功能未变
1984 年	7 号楼	办公	1380	主楼西南侧	已拆除
2001 年	文津楼修缮改造	阅览、办公、书库	11800	院落中部	结构加固等
2008 年	周边平房改造	办公、后勤保障	3455	院落四周	功能未变
2009 年	平房	食堂	328	院落西墙	功能未变

备注：2000 年前，文津街馆舍内陆续建设的平房，大部分已拆除，尚存约 1000 平方米，表格中未列此项。1931 年建设的发电厂、锅炉房，有一半的面积 1988 年随 4、5 号楼一并移交其他单位。

图 4-11　展览厅（国家图书馆档案室　藏）

图 4-12　弘文楼（3 号楼）

图 4-13　学思楼（2 号楼）

图 4-14　临琼楼（6 号楼）

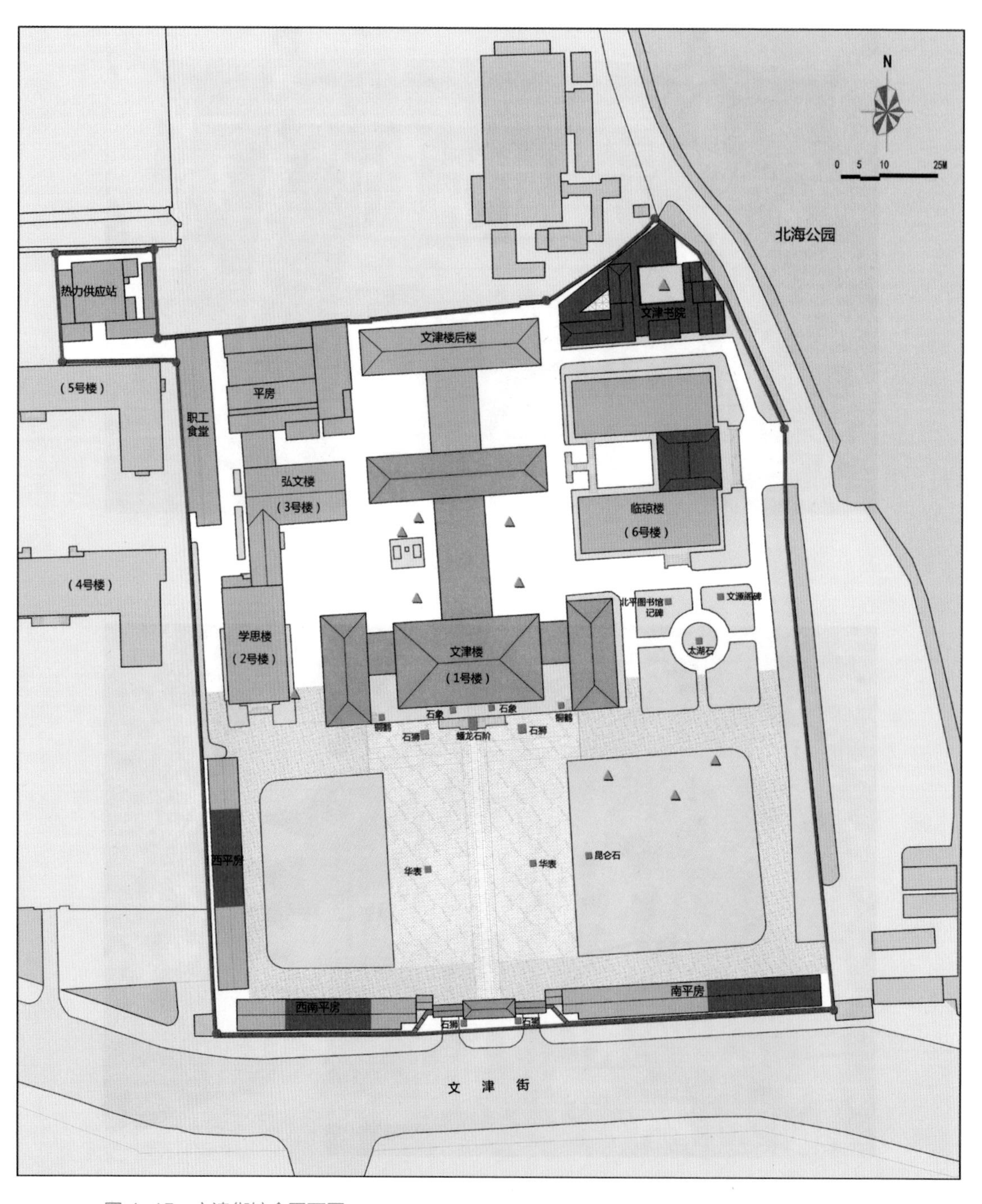

图 4-15 文津街馆舍平面图

五、关闭分馆，进一步完善文津街馆舍

新中国成立后，北京图书馆逐渐形成了以文津街馆舍为中心，北海公园、西黄城根、柏林寺三处分馆共同发展的业务格局。受“文化大革命”影响，北海分馆于1966年5月18日停止阅览服务后改作书库，此后再未开放。文津街馆舍于1967年曾短暂闭馆，形势稍有好转后又恢复开放；柏林寺、西黄城根馆舍一直对外开放。1987年，白石桥新馆建成并投入使用，北京图书馆用房紧张的问题得到了根本性改善。原先借用的房舍相继移交给有关单位。快雪堂、静心斋等归还北海公园；西黄城根馆舍移交给文物出版社使用；柏林寺由文化部接收。1988年，北京图书馆根据中央要求将4、5号楼连房带地移交给了国务院办公厅。此后，修缮现有房舍、美化院落环境便成为文津街馆舍基建工作的主要任务。

另辟新址
一劳永逸

新中国成立后，北京图书馆藏书量急剧增加，到 1957 年已增长至 479 余万册①，是当时馆舍书库容量的 3 倍多。图书馆迫切需要扭转图书无处可藏、许多业务无场地开展的局面。前文提到，北京图书馆多管齐下，通过在文津街馆舍内外新建一批小体量建筑，以及租借柏林寺、北海公园房屋等措施得以解燃眉之急。但上述举措很难从根本上解决北京图书馆馆舍不足的困难。所以自 20 世纪 50 年代始，北京图书馆多次提出扩建馆舍的计划。

一、筹划扩建新馆

1956 年，北京图书馆提出以文津街馆舍为基础向周边发展的方案。根据该方案，文津街馆舍西侧卫生部肺结核医院、北京市产科医院、北京市助产学校和中国科学院等处的房屋和地皮全部确定为北京图书馆长远规划的建筑基地。文化部②同意该方案并向国务院上报。同年 4 月 24 日，在国务院秘书厅《关于北京图书馆增建书库建筑基地问题的答复》中，习仲勋秘书长批示："原则同意。另请文化部考虑，是否所有书库都设在一起。北京图书馆位在市中心区，为长久计，似可分设书库或分馆，以保安全。"③该计划因涉及多家单位搬迁，难度很大，最终未能实现。

1963 年，北京图书馆制定了《北京图书馆十年（1963—1973）基建规划》。规划提出分两期扩建馆舍：1963—1967 年为第一期，准备建书库 13000 平方米；1968—1972 年为第二期，准备建设国家图书馆大楼，总面积 84500 平方米。1963 年 12 月，文化部党组向中央报送《关于北京图书馆修建新馆舍的请示报告》。1964 年 1 月 9 日，中宣部召开部长办公会就北京图书

① 李希泌，王树伟 . 北京图书馆 [M]. 北京：北京出版社，1957：8-10.

② 北京图书馆的隶属关系发生过多次变化。本文中提及的文化部、国家文物事业管理局、国家文物局等都是不同时期北京图书馆的上级主管单位。

③ 北京图书馆馆史资料汇编（二）编辑委员会.北京图书馆馆史资料汇编（二）（1949—1966）[M]. 北京：北京图书馆出版社，1997：1627-1632.

馆新馆建设规模、期限、投资及地址问题进行了研究。3月2日，中央批准北京图书馆建设新馆，并指示“目前可以先选定地址，进行设计，何时开工待研究长期计划和北京市规划再定”。4月22日，根据文化部指示，北京图书馆成立了基建办公室，开展新馆建设前期筹备工作。经过调研，新馆建筑总面积确定为14万平方米，其中：书库60000平方米，可藏书2000万册；一般读者和专家阅览室、参考室15000平方米；业务用房20000平方米，可容纳职工1500人；各类附属建筑及职工宿舍45000平方米。工程总投资约6500万元，计划1966年开工，1969年新中国成立20周年前投入使用[①]。关于新馆建设地点选定了两处位置：一是人民大会堂南侧地段[②]，二是景山公园以东的地段，最终确定了景山公园以东的方案，并请清华大学建筑系着手方案设计，拆迁工作也同时展开[③]。然而受1966年“文化大革命”的影响，此次新馆建设计划被迫搁置。

1972年，北京图书馆馆藏文献已达750万册。大量图书分散多处存放，既不利于管理，又不利于读者使用，文献安全也难以保证。周总理了解到相关情况后，提出为北京图书馆扩建书库，并派国务院办公室负责人吴庆彤来馆协商具体方案。经研究，除将现馆舍西侧的两栋办公楼拨交北京图书馆使用外，还责成北京市城市规划局提出规划方案。北京市城市规划局会同北京图书馆多处勘察建馆地址，提出了七个选址十个方案。吴庆彤在此基础上召集有关方面进行研究，决定采用在文津街馆区基础上进行扩建的方案[④]。1972年底，北京

---

① 李致忠.中国国家图书馆馆史（1909—2009）[M].北京：国家图书馆出版社，2009：224-225.

② 《长安街与中国建筑的现代化》一书中曾提到：1964年，国家计划在新中国成立20周年时完成长安街的规划，北京市政府启动了相关工作，并指定副市长万里具体负责。在天安门广场规划方案中，国家图书馆置于人民大会堂南侧。

③ 徐自强.新馆建设中的规划工作[J].北京图书馆通讯，1987（3）：11-13.

④ 方案中的馆区范围包括已划拨给北京图书馆使用的文津街3号院，该地块在解放前便属于北京图书馆所有，后被中国科学院借用。

图书馆据此向上级主管单位正式报送了原址扩建报告。1973年1月30日，国家计委向国务院上报了北京图书馆扩建问题的报告。报告认为北京图书馆在原址扩建是必要的，扩建规模为24000平方米，投资986万元，项目应在年内开工建设[①]。国务院很快批准了该计划，并要求抓紧搞好地质勘探和设计工作，争取在1973年第四季度动工建设[②]。北京图书馆立即着手准备。然而，该方案与经过馆区的地铁项目存在冲突，吴庆彤再次出面协调并对原定方案进行调整，新方案建设规模为35000平方米，分两期建设。一期工程先建设20000平方米；二期工程的15000平方米则与地铁项目统一规划[③]。从国家文物事业管理局副局长彭则放1973年7月13日写给国务院吴庆彤的信中可知，这一方案在7月12日曾送给时任北京市委书记万里看过，他认为文津街馆舍地方太小，扩建后建筑密度达到了43%，远超30%的常规标准。考虑到北京图书馆馆舍空间不足的现实困难，万里并没有反对原址扩建的计划，而是针对具体方案提了一些改进意见[④]。因工作太忙，周总理没有审定调整方案，但请吴庆彤同志转达了两点要求：一是新建筑高度不要超过中南海游泳池，二是不要占用馆区北侧医院的基地[⑤]。此后，地铁方面又提出北京图书馆扩建工程不宜在地铁上建设，设计方案不得不再次进行调整。由于建设场地有限，新方案建设规模仅有19000平方米，远低于此前方案的建设规模[⑥]。为此，北京图书馆提出一个设想：除原址扩建外，为长远计划，应另选地点建设新馆。10月29日，

---

① 参见国家图书馆档案室藏《关于北京图书馆扩建问题的报告（73）》（计计字34号）。

② 参见国家图书馆档案室藏《关于北京图书馆扩建问题报告的复文（73）》（计计字47号）。

③ 参见国家图书馆档案室藏《北京图书馆致国家文物事业管理局的函件》（1973-06-07）。

④ 参见国家图书馆档案室藏《国家文物事业管理局副局长彭则放同志写给国务院吴庆彤同志的信》（1973-07-13）。

⑤ 参见国家图书馆档案室藏《国务院来电电话记录请示单》（1973-07-19）。

⑥ 参见国家图书馆档案室藏《关于北京图书馆扩建设计方案送审的报告（73）》（文物字第130号）。

周总理审阅了方案模型和扩建计划。他指示说："只盖一栋房子不能一劳永逸，这个地方就不动了，保持原样，不如到城外另找地方盖，可以一劳永逸。"①

周总理的指示让北京图书馆扩建馆舍计划柳暗花明。1974 年初，国家基本建设委员会（下称国家建委）主任谷牧召集国家计委、经委有关主管部门，北京市建委、建筑规划及设计部门，北京图书馆主要负责人等研究北京图书馆新馆建设问题。谷牧提出要建一个与我国历史悠久、文化典籍丰富、人口众多、是个多民族的大家庭，又正在进行社会主义现代化建设等特点相适应的国家图书馆。国家建委副主任宋养初说，首都自新中国成立 10 周年的"十大建筑"之后，已经有了新的博物馆、美术馆、民族馆，后来又有了新的体育馆，唯独作为国家图书馆的北京图书馆，还是 30 年代的老建筑，早已不敷应用了，这实在不相称，势必速建一个新馆才行。这次会议议定尽快由国家建委向党中央、国务院提出北京图书馆新馆建设的基本方案②。同年 9 月 27 日，北京图书馆经过认真研究，并与多方协调与沟通，上报了关于北京图书馆建馆问题的报告。报告指出，根据总理批示，并结合北京图书馆的实际情况以及长远发展需要，提出以下具体方案：一次规划，两期建设。从现在到 2000 年为第一期；从 2000 年到 2050 年为第二期。一期工程争取 1978 年建成，1979 年新中国成立 30 周年前投入使用，大体满足未来 20 年发展需要；1999 年前再扩建二期工程，满足未来 50 年发展需要。一期工程宜奠定北京图书馆新馆的基本规模，预计藏书 2000 万册，读者座位 3000 个，馆舍面积 15 万平方米；二期扩建 10 万—12 万平方米，主要是书库，并相应解决一些业务用房。关于馆址问题，最初选定天安门广场南边两侧、景山东街西边、军事博物馆西边等处。经反复比较，并与万里同志以及北京市有关部门商讨，最终将与紫竹院相邻的东

---

① 李家荣，朱南，李以娣，等.北京图书馆新馆建设资料选编[M].北京：书目文献出版社，1992：613.

② 丁志刚.缅怀宋养初同志为筹建北图新馆历尽心劳[J].图书馆学通讯，1988(4)：68-69.

北侧场地确定为新馆馆址[①][②]。1975年2月8日，国家文物事业管理局向国务院上报《关于北京图书馆扩建问题的报告》。报告中提出了三个方案：第一方案18万平方米，投资8604万元；第二方案16万平方米，投资7894万元；第三方案14.5万平方米，投资6974万元[③]。1975年3月11日，周总理抱病审阅了方案并批示："按第二方案建筑高度拟为十层（含地下一层），每层5米，是否地面上高45米或更高，妥否，请与万里同志一谈。"[④]4月30日，国家计划委员会正式批准按第二方案进行，建筑规模为藏书2000万册，阅览座位3000个，建筑面积16万平方米（含家属宿舍2万平方米），投资7800万元。

1975年4月3日，遵照总理指示精神，国家文物事业管理局副局长彭则放，北京图书馆馆长刘季平、副馆长丁志刚约请北京市建委主任赵鹏飞，一同前往铁道部征求万里同志的意见。此时，万里已担任铁道部部长，他对北京图书馆扩建工程[⑤]的建筑高度、建筑用地、投资以及设计问题提出了许多具体要求。关于建筑问题，万里指示，那个地方高一些没什么，50米高可能看不到钓鱼台，不超过50米就行了。读者服务场所不要超过5层，4层就可以了。关于建筑用地问题，万里强调，用地问题要搞一个长远规划，分期分批地建。他主张把皮鞋厂和园林局都搬走，使图书馆能紧靠紫竹院公园，读者看书疲倦了，一抬头就能望到美丽的园林。关于投资问题，万里指出，投资问题最好实报实销，建成后算账。首先保使用问题，要考虑得周到一点。在这个条件下考虑投资，可能少一些，也可能多一些，不能死抠这个，影响使用就不好了。比较好的建筑都要超过预计的投资。我们的国家穷是穷，再穷也要把一个国家图书馆搞好。北京图书馆不是一般的图书馆，有国际影响，要建得好一点，在建

---

① 李家荣，朱南，李以娣，等.北京图书馆新馆建设资料选编[M].北京：书目文献出版社，1992：574.

② 参见国家图书馆档案室藏《关于北图建馆问题的报告》（1974-09-27）。

③ 同①10.

④ 参见国家图书馆档案室藏《关于北京图书馆扩建问题的意见（75）》〔建发设字107号〕。

⑤ 也被称为北京图书馆新馆工程、国家图书馆一期工程、国家图书馆南区建设工程。

筑中要考虑采用新技术。关于设计问题，万里建议，一是要实用，要把国外的经验教训很好地总结一下；二是要采用国内外的现代化技术，通风、防火、恒温、恒湿等；三是要搞好总体布置，要使用方便；四是要注意外观，能表现出新中国的风格。要搞一个班子，做大量的分析研究工作。在设计方面要老、中、青三结合，多动脑筋，走群众路线，让在各个角落里工作的人提意见，这样做总会搞出好的方案来的[①]。万里曾长期主管我国城市建设工作，作为周总理的副手，他还亲自指挥了新中国成立十周年北京一系列重大工程的建设。他这次有关北京图书馆新馆建设的谈话内容十分全面，既有用地规划，又涉及建设标准，还提到了如何开展设计工作。北京图书馆按照万里等领导同志的具体指示精神，结合自身需求拟定了设计任务书。任务书提出，设计的指导思想应本着“独立自主、自力更生、艰苦奋斗、勤俭建国”的方针和“适用、经济，在可能条件下注意美观”的原则，要能体现马克思主义、列宁主义、毛泽东思想指导下的人口众多、历史悠久、文化典籍丰富的社会主义国家图书馆的特点和风格。任务书要求新图书馆应做到便于读者使用和内部管理；要处理好读者活动场所，书库与图书加工，以及其他工作人员用房三者之间的关系；按照图书采访登记、分类编目、入藏管理和阅览外借等业务工作流程进行合理布局；尽量采用机械化传送、自动化控制以及空调、消防等现代化技术设备，以提高工作效率和服务质量。此外，任务书还列出了各种用房的具体建设指标[②]。

二、开展方案设计

1. 广泛征集北京图书馆扩建工程设计方案

为做好北京图书馆扩建工程的设计方案，设计任务书编制完成后，在时任

---

① 参见国家图书馆档案室藏《万里同志对北京图书馆扩建工程的意见》（根据记录整理，未经本人审阅）。

② 李家荣，朱南，李以娣，等.北京图书馆新馆建设资料选编[M].北京：书目文献出版社，1992：81.

国务院副总理兼国家建委主任谷牧的建议下，国家建委和国家文物事业管理局联合组织召开北京图书馆扩建工程方案设计预备会议，征集工程设计方案。1975年4月，国家建委建筑科学研究院[①]、陕西省第一建筑设计院[②]、北京市建筑设计院、上海市民用建筑设计院、广东省建筑设计院五家设计单位；清华大学、同济大学、天津大学、南京工学院[③]、哈尔滨建筑工程学院五所院校以及其他有关单位受邀参会。各单位十分重视，以杨廷宝、张镈、林乐义为代表的诸多著名建筑师均参加了此次设计预备会议。

根据杨廷宝先生的工作笔记[④]，这次会议从4月21日[⑤]晚上开始，一直到4月29日才结束。会议基本情况如下：4月21日晚召开了全体会议。会上，国家建委副主任宋养初、北京图书馆馆长刘季平讲话。宋养初在会上提出几点要求。一是设计工作如何体现党的方针政策路线；如何体现“独立自主、自力更生、勤俭建国”的工作方针；如何体现总理提出的“适用、经济、在可能条件下注意美观”的要求。二是研究建筑风格问题。是否在北京图书馆扩建工程设计方案中体现“洋为中用”的设计理念。三是要讨论建筑的标准、机械化程度、用什么材料以及防火措施等具体问题。刘季平在会上就总理提出的“一劳永逸”问题谈了具体看法。他要求设计方案要有长远规划，要注意环境，统筹考虑并整体设计。4月22日全天政治学习。4月23日上午，参会代表在馆长刘季平及其他五位副馆长陪同下参观了北京图书馆文津街馆舍，参会人员重点了解了北京图书馆机构设置、业务及建筑等方面的情况；下午，参会代表参观了北京大学图书馆。北京大学图书馆反映了设计单位和使用单位配合不

① 后更名为建筑科学研究院设计所、建设部建筑设计院、中国建筑设计研究院。

② 后更名为中国建筑西北设计院。

③ 后更名为东南大学。

④ 该工作笔记原先保存在南京市杨廷宝故居。在东南大学建筑学院黎志涛教授的帮助下，笔者与杨廷宝先生的女儿杨士英教授取得了联系。此后，经过一段时间的接触，杨士英教授及其家人同意将该工作笔记无偿捐赠给国家图书馆。

⑤ 官方下发的预备会议通知是4月22日—29日。

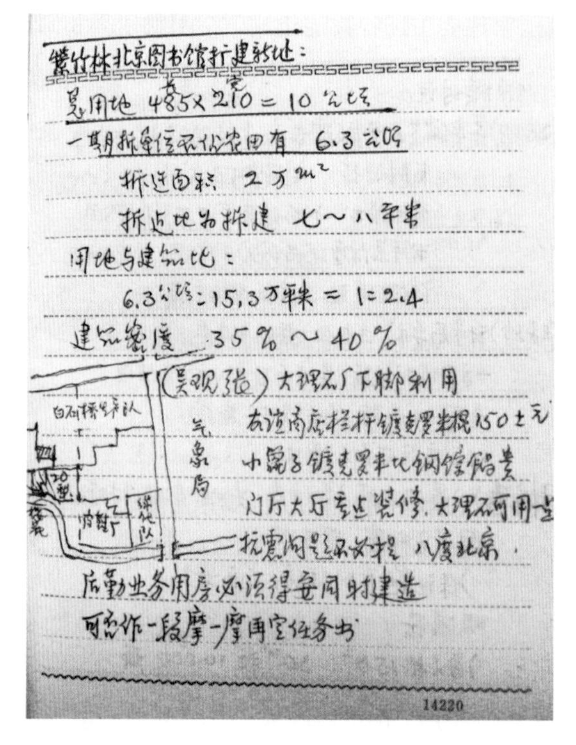
紫竹林北京图书馆扩建新址：

总用地 485×210 = 10 公顷

拆迁面积 2万m²

用地与建筑比：

6.3公顷：15.3万平米 = 1：2.4

建筑密度 35%～40%

14220

图 5-1 杨廷宝参加设计方案会议所做记录（杨廷宝工作日记）

到位，善本库房不够用、室内光线及通风不好、建筑施工质量较差等问题。4 月 24 日，参会代表分成几个小组进行讨论。杨廷宝与吴观张、黄远强、吴景祥、张镈、丁志刚等代表分在一组。讨论中，同志们提到要明确服务对象；要从首都机场、北京饭店等项目中总结经验；北京图书馆作为国家图书馆既要庄重，又要代表中国文化气氛，还要朴素、明朗；建筑外貌要与周边环境结合。4 月 25 日，北京图书馆副馆长谭祥金具体谈了设计要求；第一机械工业部（下称一机部）、第四机械工业部（下称四机部）相关同志介绍了借阅信息及图书传送系统、电子计算机的发展、图书的保存条件等方面的知识；北京市勘察处介绍了场地地质条件情况。4 月 26 日，小组集中讨论了设计标准问题，比如：哪些房间要安装空调，抗震及人防如何考虑，装修用什么材料，远期和近期如何结合，等等。4月27日，参会代表参观了北京饭店、和平里布店。4月28日，会议进行大组集中讨论，北京图书馆刘季平、丁志刚、李家荣、谭祥金出席，国家文物事业管理局彭则放、曾祥集参加。4月29日上午，有关方面介绍了国外相关工程的建设情况。下午，大会进行了总结，宋养初、刘季平、袁镜身出席会议并讲话。会议要求参会代表将会议的精神带回去，组织设计力量，在

图 5-2　北京图书馆新馆方案设计准备会议期间参会代表参观文津街馆舍（国家图书馆档案室　藏）
前排左一林乐义、左二杨廷宝、左三刘季平

8月底前拿出一两个较好的方案，以便在8月底9月初召开的方案评选会上供大家讨论[①]。

这次设计方案预备会议进一步明确了新建筑的建设规模、建筑标准，并在许多具体问题上形成了广泛共识。参会代表通过会议讨论和现场参观，开阔了视野，调动了参加设计工作的积极性，也为方案征集工作开了一个好头。这次会议还对设计方案成果文件需要包括的总平面图、平立剖面图、模型、主要房间名称和材料、方案说明、想法依据、各项指标、密度和概算等内容提出了具体要求。

预备会议结束后，承担方案设计的有关单位十分重视，纷纷召开动员大会传达预备会议精神，并号召全员参与方案设计工作。有的单位派员来北京图书馆参观、考察、座谈，有的单位通过参观各类大型建筑汲取经验。7月底，有关单位共提出114个方案。初步方案形成后，有的单位专程来馆介绍方案并征求意见。北京图书馆也派人前往各地了解方案情况并交换意见。8月份，各单位又对已有方案进行修改和综合[②]。8月20日，国家文物事业管理局认为召开北京图书馆扩建工程方案设计会议的条件已经成熟，便报请国务院办公室同意，开始集中讨论并研究相关设计方案。

2. 设计方案大讨论

除了设计预备会议外，北京图书馆还召开了三次设计工作会议集中讨论、研究新馆设计方案。每次会议结束后，有关方面都会将新方案进行公开展示，以便征求公众意见。1975年9月5日，第一次设计工作会议在北京日坛路全国总工会招待所举行。这次会议共有120余人参加，其中参会代表88人，特邀代表10人，列席代表22人（表5-1）。参会代表中有建筑界的老一辈代表，有年青一代的工农兵学员，还有各单位的领导干部、工程技术人员和工人同

---

① 参见国家图书馆档案室藏《宋养初同志在北京图书馆扩建工程方案设计预备会议上的讲述要点》（1975-04-29）。

② 参见国家图书馆档案室藏《基建简报》（第1—2期）。

图 5-3　1975 年 9 月第一次设计工作会议合影（国家图书馆档案室　藏）

志。会议开始前，各设计单位不辞辛劳，将设计方案的图纸、模型和透视图进行了认真布置。根据统计，承担方案设计的 10 家单位各自向会议提出了 2—4 个方案，共计 29 个方案。这些方案中，建筑布局对称的 15 个，基本对称的 3 个，不对称的 11 个。9 月 5 日下午会议正式开幕。北京图书馆馆长刘季平、国家建委建筑科学研究院负责人袁镜身以及国家建委副主任宋养初分别讲话。宋养初指出，国家用这样大的规模，投入这么大的力量，花费这样长的时间，开这么大的会来集中讨论研究一个建筑项目是少有的，即使是讨论人民大会堂的方案设计时，参加的单位范围也没有这么广泛；这个工程的设计反映了我国当前民用建筑设计的水平，希望各单位通过介绍方案、讨论方案，交流经验，相互学习，共同提高。参会代表要以对国家、人民高度负责的态度，对每个方案发表自己的意见[①]。杨廷宝先生作为会议特邀的老专家参会。杨廷宝是我国近现代建筑设计的开拓者，著名的建筑学家，由他主持完成的项目有上百项之多。黄伟康教授当年陪同杨先生参加设计会议，据他介绍[②]，杨廷宝先生的方案在学校讨论时未被采纳。会上，宋养初请杨廷宝谈谈看法，他拿出了一张草图，介绍了他对北京图书馆扩建工程方案的设想。宋养初认为这个想法很好，请杨廷宝再花几天时间深化一下方案供大会讨论。

表 5-1　北京图书馆扩建工程第一次方案设计工作会议部分参会代表名单

参会设计单位	部分代表名单
国家建委建筑科学研究院	蒋利郎、罗仁熊、林乐义、杨芸、李培林
北京市建筑设计院	张镈、成德兰、田万新、刘永梁、潘辛生
陕西省第一建筑设计院	洪青、刘绍周、黄克武、梁应添、柯志德、王觉
上海市民用建筑设计院	陈植、李昌达、张皆正、李学熙、陈芝萍、张鸿英
广东省建筑设计院	黄远强、郑振紘、方培雄、郭怡昌、叶子贤
清华大学	吴良镛、李道增、徐伯安、徐键、李群、王贵祥
天津大学	胡德瑞、徐中、方咸孚、于维良、王淑纯、王乃香
同济大学	傅信祁、吴景祥、喻维国、张耀曾
南京工学院	杨廷宝、成竞志、潘谷西、黄伟康、奚树祥、王文卿
哈尔滨建筑工程学院	满际明、常怀生、张之凡、刘志和、张跃曾、李行

9 月 5 日下午和晚上，代表们就开幕会上三位领导同志的讲话进行了分组讨论。会议从 9 月 6 日开始进入方案介绍和讨论阶段。9 月 6 日—10 日，各

① 参见国家图书馆档案室藏《北京图书馆扩建工程方案设计工作会议简报》(第 1—2 期)。

② 2016 年 10 月 10 日，电话采访。

个小组对提出的方案进行了热烈讨论。除了分析研究各方案的优缺点，各小组还就建筑结构、建筑风格、用地、施工、消防、阅览室高层以及开窗大小等共性问题展开了争论。杨廷宝除了参加大会和小组讨论，还积极对自己的方案进行研究改进。10日上午，他向大会详细介绍了如何运用传统的民族建筑形式来构思方案设计的过程和设想。据吴良镛教授回忆[①]，杨廷宝当时提出北京图书馆作为国家图书馆，要有传统建筑艺术的风格和气派，他十分推崇西安大明宫含元殿的气魄。国家图书馆保留有杨廷宝先生绘制的3张草图，并将其作为第29号方案存档。3张草图中，一张标注日期为1975年7月13日，另外两张没有时间落款，很可能是在这次会议期间所画。据王贵祥教授回忆[②]，他在后续展览中看到的第29号方案并非如此。由此推测，国家图书馆保存的草图有可能只是该方案的初稿。10日下午，会议还专门召开了结构、施工专题会。11日上午，一机部起重运输机械研究所介绍了图书运送系统和气送书条的方案。四机部介绍了汉字信息处理系统及各种专业电子设备的设想。15日上午，代表们参观了中国通史陈列预展。下午，会议召开组长联席会。袁镜身传达了宋养初13日下午在各组汇报会上就进一步做好小组综合讨论所做的指示[③]。结合本次会议的情况，会议决定按六种基本类型，由相关单位联合组成六个工作小组，进行第二轮方案设计。陕西省第一建筑设计院、天津大学、南京工学院进行不对称方案的设计；上海市民用建筑设计院、同济大学进行对称书库居后方案的设计；北京市建筑设计院、哈尔滨建筑工程学院进行对称书库居前方案的设计；国家建委建筑科学研究院、清华大学进行对称书库居中方案的设计；国家建委建筑科学研究院进行高层方案的设计；由南京工学院杨廷宝、国家建

① 2015年5月8日，吴良镛来国家图书馆参加相关活动。活动前，时任国家图书馆馆长韩永进在国家图书馆红厅接待了吴良镛先生。本书作者向吴先生赠送了他当年参加方案设计时的老照片，吴先生愉快地向在场同志介绍了当年参加方案设计的有关情况。

② 采访时间：2017年9月6日，采访地点：国家图书馆综合服务楼。

③ 参见国家图书馆档案室藏《北京图书馆扩建工程方案设计工作会议简报》(第3—5期)。

委建筑科学研究院戴念慈、清华大学吴良镛、北京市建筑设计院张镈、广东省建筑设计院黄远强组成的五人小组（以下称“五人小组”）进行民族形式较浓方案的设计[①]。戴念慈主持设计了中国美术馆、中央党校；张镈是人民大会堂、民族文化宫的总建筑师；吴良镛师从沙里宁，是知名的建筑规划大家；黄远强是广东建筑设计院的总建筑师，曾负责完成了桂林的城市总体规划，在业内具有重要影响。这五个人共同参与一个具体方案的设计，极其罕见。由此可见该项目的重要程度。

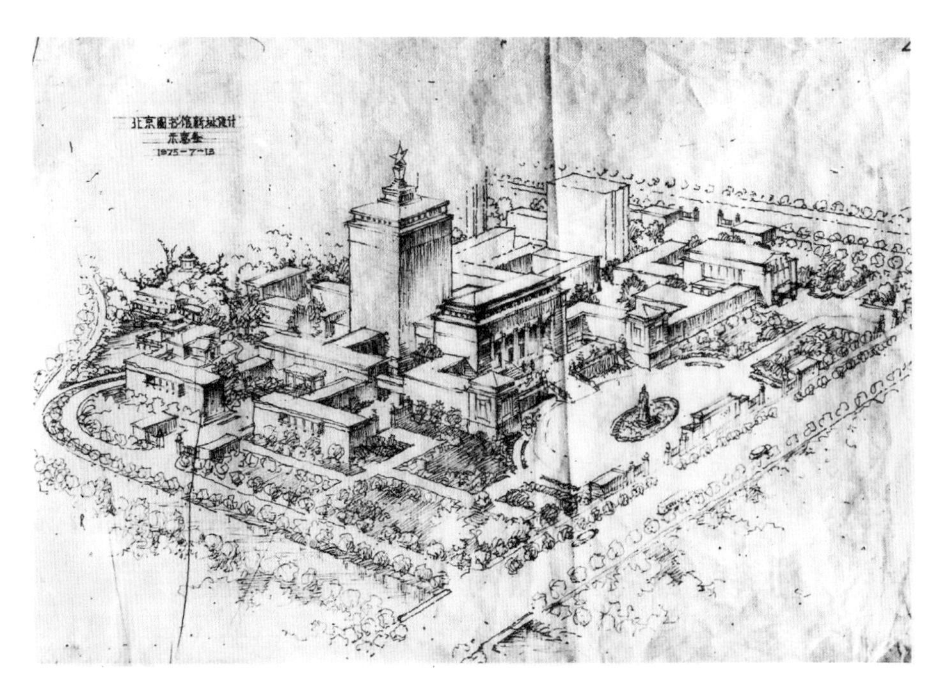

图 5-4　杨廷宝绘制的北京图书馆扩建工程设计鸟瞰示意图 1（国家图书馆档案室　藏）

① “五人小组”设计的方案在业内被称为“五老方案”。

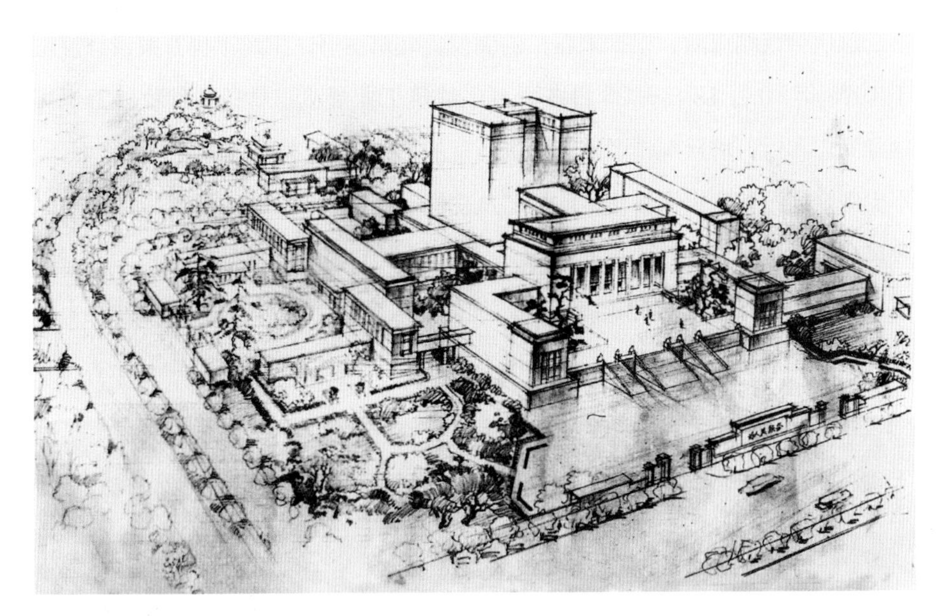

图 5-5　杨廷宝绘制的北京图书馆扩建工程设计鸟瞰示意图 2（国家图书馆档案室　藏）

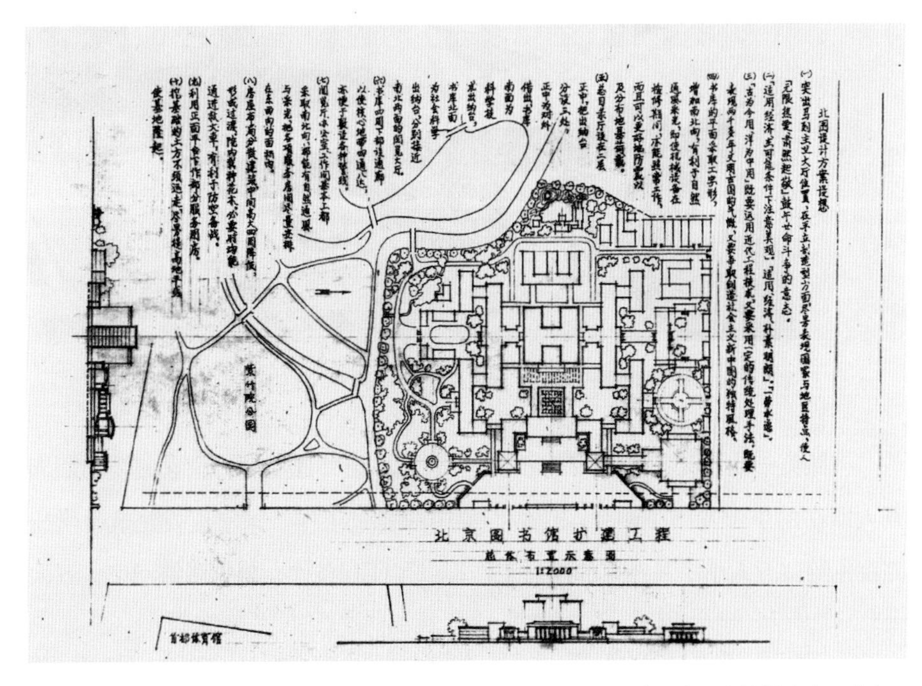

图 5-6　杨廷宝绘制的北京图书馆扩建工程总体布置示意图（国家图书馆档案室　藏）

这次会议结束后，根据宋养初的倡议，北京图书馆扩建工程方案设计展览于 1975 年 10 月 13 日—25 日在百万庄建筑工业展览馆举行。谷牧、万里等领导同志和近万群众观看了展览。杨廷宝的第 29 号方案受到广泛关注和好评。不少观众通过留言表达看法，比如“从功能、朝向、馆园结合、阅读环境、民族风格以及隔音处理等（方面考虑），以 29 号方案最好”“建筑面积大，平面布置不宜太复杂，以避免读者东寻西找，如入迷宫，浪费时间”“在外观上不宜突出书库，从实用观点看书库，也不宜靠门厅太近，应往后靠些”等[①]。

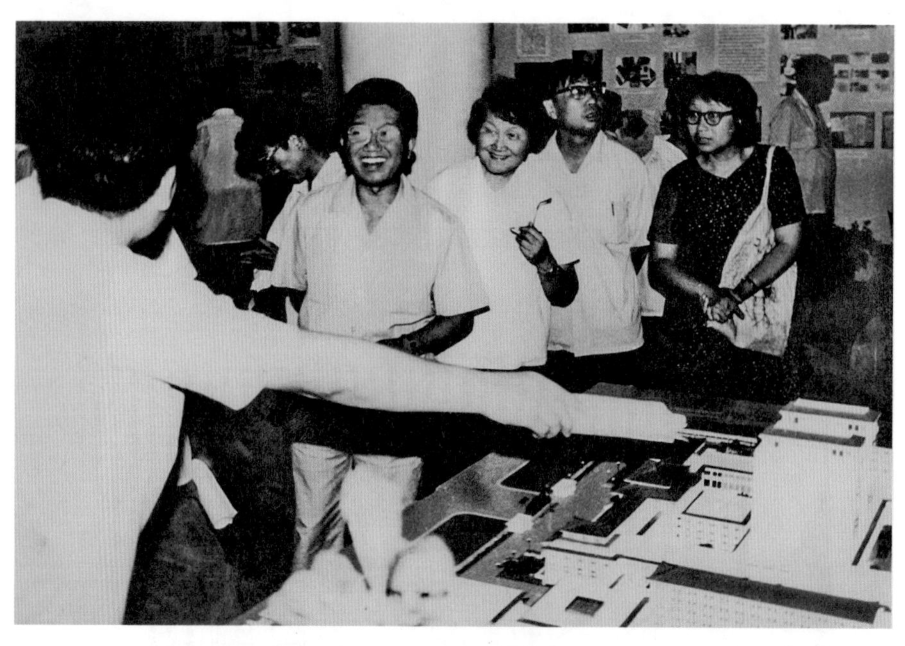

图 5-7　市民参观北京图书馆扩建工程方案设计展览（国家图书馆档案室　藏）

按照第一次设计工作会议的要求，“五人小组”成立后，国家建委出面向五人所在的单位发出了调令，让他们集中在北京工作。国家建委建筑科学研究院也给“五人小组”在京的设计工作提供了便利条件。根据张镈回忆，五人

① 李家荣，朱南，李以娣，等.北京图书馆新馆建设资料选编[M].北京：书目文献出版社，1992：137.

小组先是每个人按照设计任务书的要求，各自画出平立剖面的草图，然后再共同讨论。讨论通常在每天上午进行；下午，有时甚至利用晚上的时间，各位成员会将各方的意见勾画成草图，第二天上午再展开讨论。虽有意见不一致的时候，但由于大家对采用传统手法应讲究序列、布局要基本对称等有共识，因此彼此间的沟通很顺畅，便较为容易形成综合方案①。据清华大学王贵祥教授回忆②，他当时作为即将毕业的学生参与了国家建委建筑科学研究院与清华大学组成的“对称书库居中方案”设计组的相关工作，该组由国家建委建筑科学研究院杨芸牵头，与“五人小组”相邻办公。设计期间，两个小组就方案设计工作常有交流。

图 5-8　方案设计期间，五老在长城脚下郊游（张广源　提供）
左起：黄远强、张镈、杨廷宝、常学诗、戴念慈、林乐义、吴良镛

① 张镈．我的建筑创作道路［M］．北京：中国建筑工业出版社，1994：285-292.

② 采访时间：2017 年 9 月 6 日；采访地点：国家图书馆综合服务楼。

经过3个月的创作设计，六个不同类型的设计小组完成了9个方案。1975年12月22日—29日，北京图书馆扩建工程第二次设计工作会议在北京召开。60余位参会代表以“适用、经济、在可能条件下注意美观”为原则，对该阶段方案进行了集中讨论。大家认真分析研究了各个方案的优点和缺点，认为这次的方案无论是功能使用方面还是建筑造型方面，均比前一轮的方案有了很大改进。会议初步归纳整理出了综合意见。29日，袁镜身代表由国家建委、文物事业管理局、北京市建委、北京市规划局和北京图书馆负责同志组成的领导小组做了总结发言。他说，参加方案设计的同志本着“百花齐放，百家争鸣”的方针，开始做了114个方案，随后归纳综合为29个方案，现在又根据类型归纳成9个方案，做到了逐步深入，逐步提高；参加方案设计的同志具有老、中、青三结合的特点，各单位还有领导干部、工程技术人员、工人同志三结合，设计单位、施工单位和图书馆使用单位也广泛进行了三结合；各专用设备设计单位和公安消防等部门也提供了许多有益的意见。通过这些举措，大家共同调查研究，集体讨论，集体创作，各抒已见，取长补短，充分发挥了大家的积极性和创造性，集中了大家的智慧，就各种设想、各种类型都广泛进行了探索。会议明确指出，将来不管领导确定哪个方案，都是集体创造的成果，共同劳动的结晶。因为每一次方案设计都是在总结前一次方案的基础上完成的，是互相学习，取长补短的结果[①]。

1976年1月23日—2月10日，北京图书馆扩建工程第二次方案设计展览在北京图书馆展览厅举行。这次展出的内容包括6种类型共9个方案的图纸、模型和透视图等，并附有方案设计会议对各个方案的评议意见。展览期间，共有3000多人前来参观，北京图书馆还组织召开了多场座谈会。关于对称书库居前方案，有观众认为“书库体型及立面处理不当”。关于对称书库居

---

① 参见国家图书馆档案室藏《北京图书馆扩建工程方案设计工作会议综合简报》（1975-12-29）。

中方案，有观众提出“东、南两处门厅入口的立面，民族形式显得呆滞，不够明朗，东入口台阶太低，不够雄伟”。关于对称书库居后方案，有观众认为“布局对称，但有些洋气，应适当加民族形式”。关于高层方案，有观众提出“作为体现民族特点的国家图书馆，体型有点勉强”。关于不对称方案，有观众认为“书库体量最大，把它放在一边，不如以它为主体好”。关于传统形式较多的方案，有观众提出“建筑方案美观、大方、富有民族特色，主次配合协调。但书库样式需要推敲”①。

第二次方案设计工作会议结束后，经国家建委指定由“对称书库居中方案”“对称书库居后方案”“民族形式较浓方案”三个设计小组结合会议精神对方案进行修改和完善。“五人小组”仍在北京开展设计工作。据曾参与项目方案设计工作的中国建筑设计研究院庄念生回忆，“五人小组”最终方案的渲染效果图是由吴良镛负责的，他特意请来著名的建筑史学家傅熹年先生、清华大学水彩画家华宜玉一同完成。在三位大家的共同创作下，新建筑气势恢宏、端庄大方的韵味被完美地呈现出来。吴良镛十分珍爱这幅长 1.8 米、高 1 米的建筑水彩作品，一直将其妥善存放在自己的办公室。1976 年 4 月 16 日—19 日，国家建委、国家文物事业管理局召开了北京图书馆工程方案设计汇报会，听取了五人小组设计的第一方案（业内俗称“五老方案”），国家建委建筑科学研究院、清华大学设计的第二方案，上海市民用建筑设计院、同济大学设计的第三方案的汇报。从“五老方案”和国家建委建筑科学研究院、清华大学联合设计的“对称书库居中方案”可看出，经过三轮的比选，两个方案的平面布局已基本趋同，均采用了书库在中间，阅览在四周，底层为业务采编用房，二至四层为阅览空间，高层为书库的布局形式。在建筑群的组合上，两个方案都广泛运用“口”字形与“日”字形布局形成内部庭院，营造馆

① 李家荣，朱南，李以娣，等.北京图书馆新馆建设资料选编[M].北京：书目文献出版社，1992：147.

园结合的书院气息。稍有不同的是，“五老方案”将部分阅览室空间探入内部庭院，增添了阅读的舒适性和趣味性；“对称书库居中方案”在建筑群西侧采用“U”形布置形成半围合空间，该手法更加关注与紧邻的紫竹院公园的空间对话。除了在北京的两个设计小组外，另一个小组在上海开展设计工作。他们的方案从总体平面布局看，与北京的两个小组没有多大差别，但在建筑表现上则更现代一些。这次会议决定将三个方案稍加修改后上报国务院。时任国家文物事业管理局局长王冶秋、副局长彭则放，北京市委书记郑天翔等同志观看了本轮方案设计成果展览。三人都认为五人小组设计的“民族形式较浓方案”较好。

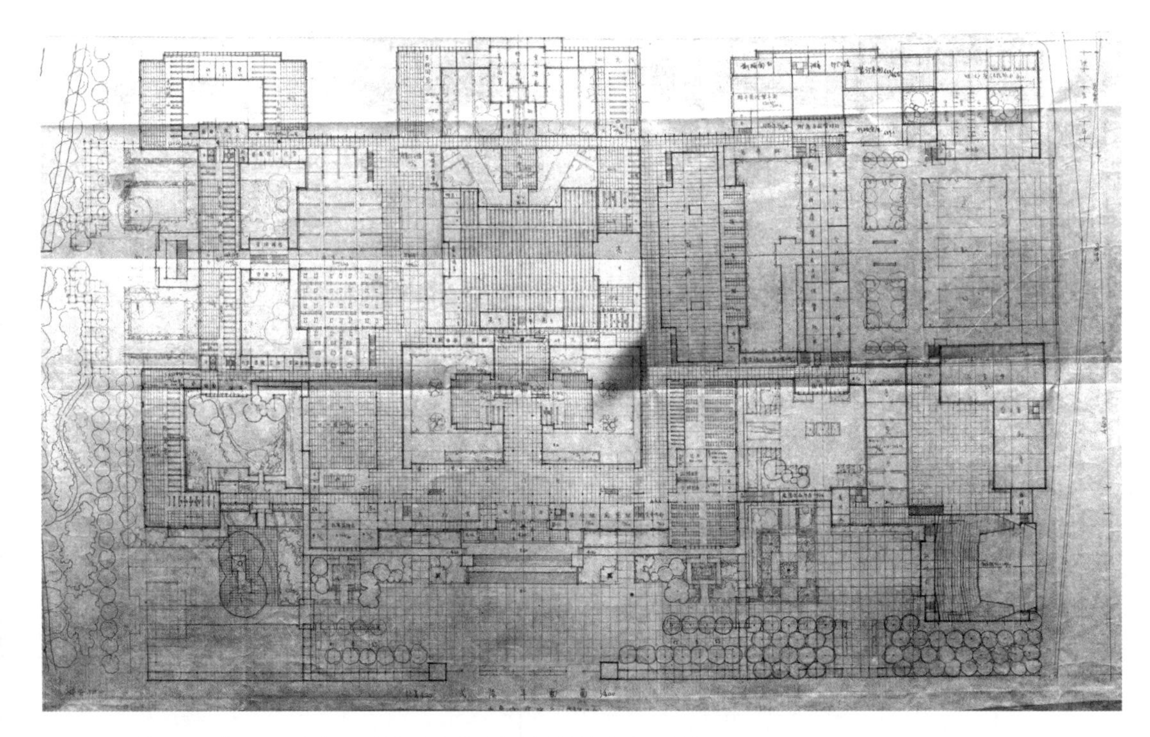

图 5-9 “五老方案”二层平面图（国家图书馆档案室 藏）

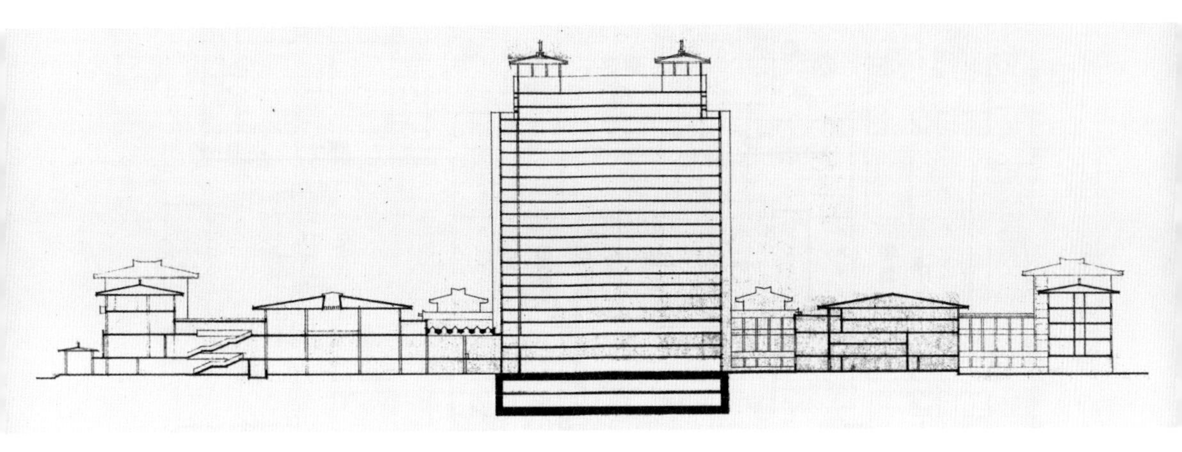

图 5-10 “五老方案”南北向剖面图（国家图书馆档案室 藏）

图 5-11 1976 年吴良镛、傅熹年、华宜玉三人合绘的“五老方案”水彩效果（吴良镛 提供）

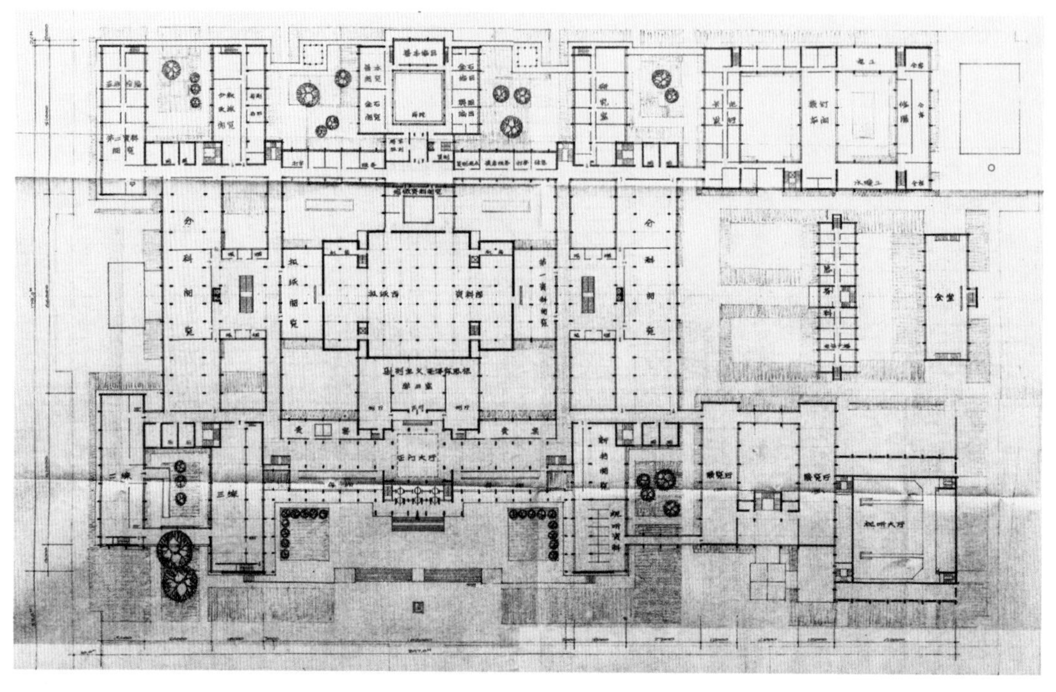

图 5-12　国家建委建筑科学研究院、清华大学方案二层平面图（国家图书馆档案室　藏）

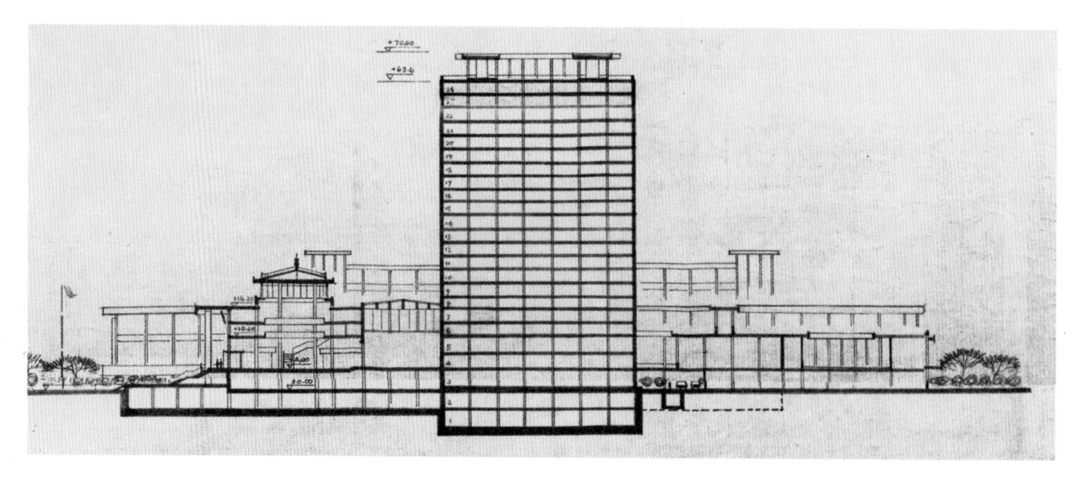

图 5-13　国家建委建筑科学研究院、清华大学方案南北向剖面图（国家图书馆档案室　藏）

图 5-14　国家建委建筑科学研究院、清华大学方案东南视角[①]

图 5-15　上海市民用建筑设计院、同济大学方案东立面[②]

① 李家荣，朱南，李以娣，等.北京图书馆新馆建设资料选编[M].北京：书目文献出版社，1992：24.

② 同①25.

北京图书馆扩建工程方

设计汇報会议 1976年4月19日

图 5-16　1976 年 4 月设计方案汇报会议合影（杨士英　提供）
一排左五杨廷宝、左六刘季平、左七袁镜身、右一戴念慈、右三张镈
二排左二杨芸、右六黄克武、右八黄远强、右九吴良镛
三排左五陈世民、右三庄念生

1976年5月25日，国家文物事业管理局向国务院报送了《关于送审北京图书馆扩建工程方案设计的报告》。报告认为“五人小组”方案更为突出。该方案平面布局功能分区明确，适应图书馆多方面要求；主要读者活动场所设在一层，交通流畅，使用方便；报纸库合理利用了书库阴影区，设备布置方便；部分屋顶选用釉面板瓦小坡顶，利于排水隔热、维修管理，在体现民族风格上又有所创新。报告建议从适用的角度研究，倾向于采用“五人小组”的方案。报告还建议最终方案在该方案基础上，吸取其他两个方案的优点加以修改完善。1976年5月28日，谷牧批复同意报告中提出的以第一方案为基础，吸取二、三方案的优点并加以修改的做法①。至此，北京图书馆方案征集工作告一段落。

3.设计方案修改并确认

1978年2月，由建筑科学研究院设计所和中国建筑西北设计院组成修改设计方案班子，按照国务院领导批示的“以第一方案为基础，吸取二、三方案的优点加以修改”的指示精神对方案进行调整优化②。该项工作由前期负责“对称书库居中方案”的杨芸牵头。1978年8月3日，国家文物事业管理局向国务院报送修改后的方案。报送的方案以同一建筑平面做出了两个立面造型。报送文件中包括两个综合方案的模型，透视图四张以及方案册③。该方案在“五人小组”设计的“民族形式较浓方案”基础上又有新的调整，主要体现在两个方面：一是原方案中建筑群西侧的“口”字形、“日”字形布局形式改用“U”形布置；二是在原有东门厅的基础上，增加了几个活动空间，进一步丰富了室内空间序列。1978年9月21日，宋养初传达了李先念等中央领导同

---

① 参见国家图书馆档案室藏《关于送审北京图书馆扩建工程方案设计的报告（76）》〔文物字第44号〕。

② 李家荣，朱南，李以娣，等.北京图书馆新馆建设资料选编[M].北京：书目文献出版社，1992：615.

③ 参见国家图书馆档案室藏《送审修改后的北京图书馆扩建工程方案设计的报告（78）》〔文物字第138号〕。

志对设计方案的意见[①]。从1978年10月袁镜身写给谷牧副总理的信中可以了解到，国务院领导同志就报送的北京图书馆扩建工程设计方案主要提了两点意见：一是东立面临街建筑的高度可再高一些；二是书库的造型比较单调、显得有些笨重[②]。10月中旬，修改后的方案送国务院复审。11月20日，谷牧副总理批示“可即按此进行工作”[③]。至此北京图书馆扩建工程设计方案基本确定。经过这次调整，书库改为“工”字形，立面效果更趋轻盈。有趣的是，这与杨廷宝早年绘制的草图所采用的书库体型完全一致。

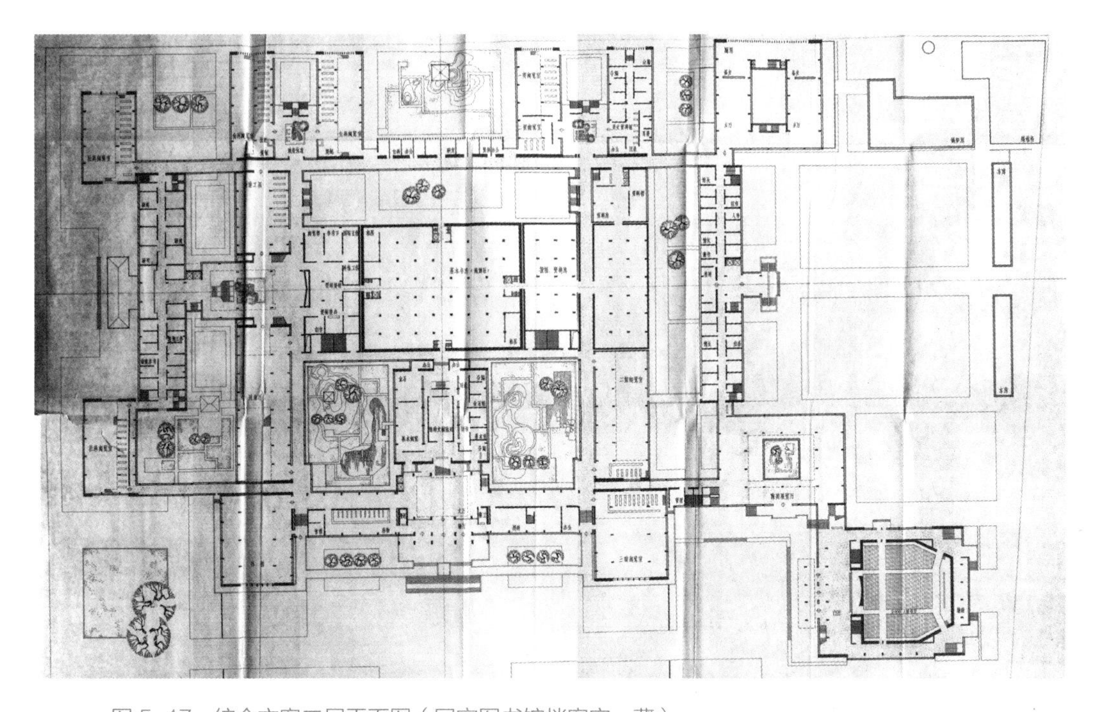

图5-17　综合方案二层平面图（国家图书馆档案室　藏）

①③　李家荣，朱南，李以娣，等.北京图书馆新馆建设资料选编[M].北京：书目文献出版社，1992：616.

②　参见国家图书馆档案室藏《袁镜身写给谷牧副总理的信》（1978-10）。

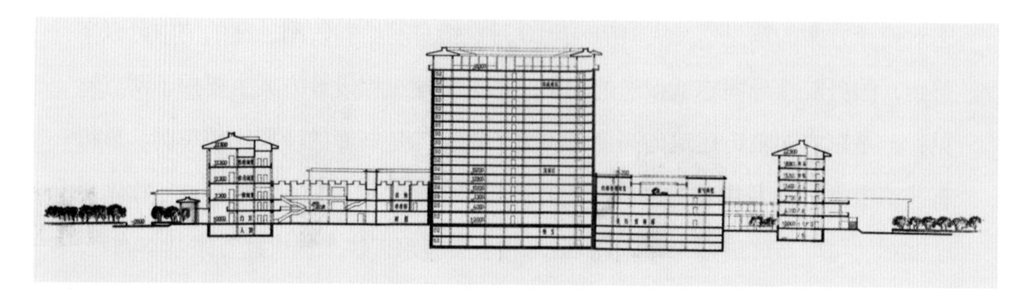

图 5-18 综合方案南北向剖面图（国家图书馆档案室 藏）

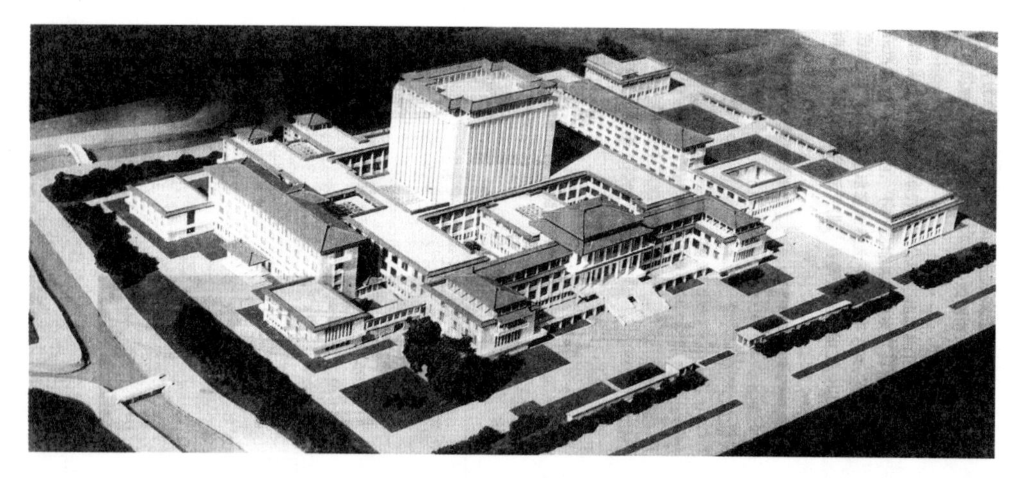

图 5-19 综合方案立面方案 1[①]

图 5-20 综合方案立面方案 2[②]

① 李家荣，朱南，李以娣，等.北京图书馆新馆建设资料选编[M].北京：书目文献出版社，1992：30.

② 同①32.

图 5-21　国务院批复同意方案[①]

图 5-22　方案模型（国家图书馆档案室　藏）

① 李家荣，朱南，李以娣，等.北京图书馆新馆建设资料选编[M].北京：书目文献出版社，1992：154.

4. 初步设计及施工图设计工作

根据国家安排，北京图书馆扩建工程初步设计及施工图设计阶段的工作仍由建筑科学研究院设计所和中国建筑西北设计院共同承担。杨芸和黄克武分别担任两家单位的设计负责人。初步设计工作正式开始前，北京图书馆结合新情况对原有的设计任务书重新做了修订。修订后的设计任务书对新建筑的建筑结构，绿化及室外工程，空调、消防、书刊传送、广播电视电话系统提出了具体要求；各种用房的建设指标也更加细化①。为便于设计工作的开展，从1979年5月14日开始，两家设计单位组成的北图设计组在北京图书馆文津街馆舍进行现场设计。设计过程中，设计人员深入现场，调查研究，体验生活。“五人小组”成员之一戴念慈也多次到现场与设计人员一起研究和工作。他的加入有助于参与初步设计的同志更好地理解该方案的设计意图。1979年11月23日，初步设计工作全部完成。1980年1月31日—2月2日，国家文物局召开了北京图书馆新馆工程扩大初步设计审查会。会议审查了新馆工程的建设规模、平面布局、建筑标准、市政设施配套以及总投资。会议认为，建筑面积140226平方米，可容藏书2000万册，读者座位3000个，符合国家计委原批准的规划设计要求，是适宜的和可行的。1981年3月9日国家建委批准了北京图书馆扩大初步设计②。批准新馆主体工程建筑面积为138726平方米，藏书量为2000万册，读者座位3000个，职工住宅21500平方米，总投资控制数调整为9455万元。初步设计工作完成后，两家设计单位进行了分工。建筑科学研究院设计所承担A、B、C、D四个子项及总图部分，建筑面积82000平方米。中国建筑西北设计院承担E、F、G、H、J、K、L、M、N九个子项及电气总体部分，建筑面积59000平方米。1980年5月—1982年5月，建筑科学研究院设计所完成了所承担部分的设计任务，设计图纸1200多张。1981年6

① 李家荣，朱南，李以娣，等.北京图书馆新馆建设资料选编[M].北京：书目文献出版社，1992：92.

② 同①155.

月—1983年6月，中国建筑西北设计院也完成设计任务，设计图纸1600多张。据黄克武介绍，两家单位共有150多位建筑师投入施工图设计工作[①]。为满足开工需要，1983年5月6日，已经担任建设部副部长的戴念慈亲自主持召开了北图工程设计工作会议，就施工图阶段影响开工的几个设计问题进行了研究，并做了决定[②]。

工程开工后，设计单位积极配合施工单位的工作，及时协调解决相关设计问题，并协助北京图书馆进行传送、防灾系统及空调、冷冻、电气等项设备引进方面的技术谈判和询价工作。据统计，施工阶段修改的图纸近1000张，办理设计变更和工程洽商1000余项。这段漫长的设计工作经历给许多设计师留下了深刻印象。国家勘察设计大师陈世民在其专著《时代·空间》中提到在他40年的设计生涯中，有八分之一时间在从事北京图书馆扩建工程的设计工作。在这五年中，他作为主要技术骨干参与了方案创作活动，重点负责探讨以高层建筑为主的设计方案，进行了许多有关方案创作协调工作。杨廷宝的方案确定后，陈世民具体负责总体规划布局和各层平面设计，并与结构负责人李培林、吴学敏先生合作，在整个近16万平方米的建筑中仅选用了两种结构柱网，安排出了异常简捷的交通体系。在初步设计阶段，陈世民作为建筑专业负责人，拟定了技术条件，组织了设计深化工作，并在总建筑师杨芸的主持下，协调了图书馆工艺、水、电、空调、消防、动力供应等方面的技术要求。在施工图设计阶段，他还组织了施工图展开工作及前期准备工作，同时也绘制了部分施工图。之后他与杨芸一同赴香港工作，便将这个项目移交给翟宗璠建筑师继续进行。陈世民在书中写到，每当他进入这座宏大的图书宝库时，总是倍感亲切，几乎每个空间都能唤起当初的构思场景，每个角落都能引起忆想而回味无穷。

---

① 毛泽英，邵智玲."东方泱泱大国的气度"：访北京图书馆设计方案总负责人黄克武[N].北京日报，1987-09-04.

② 李家荣，朱南，李以娣，等.北京图书馆新馆建设资料选编[M].北京：书目文献出版社，1992：619.

翟宗璠是我国知名的女建筑师，她技术精湛、为人亲和。1979 年，她从河南新乡调回北京后便被分配到北图项目从事设计工作[①]。由于工作能力强，不久，她便担任了北图项目的总建筑师。2015 年，笔者多次拜访翟宗璠先生，91 岁高龄的她自信乐观、思路清晰，与她的交流十分愉快。当谈到为北图项目奉献了 8 年青春时，她说她和许多同事一样，十分珍惜参加国家重大工程设计实践的机会。在工作中，她不仅与各参建单位的同志们建立起深厚的友谊，而且大家还一道努力为工程建设做了许多开创性的工作。

在所有设计师当中，黄克武先生为北图项目服务的时间最长。早在 1975 年，他便代表中国建筑西北设计院参与方案创作工作。此后，他又作为设计负责人一直承担相关工作。2015 年，当笔者见到精神矍铄、举止优雅的黄先生时，实在不敢相信他已 97 岁高龄。当笔者拿着相册向他详细介绍一期工程在保持原有风貌的原则下刚刚改造完的成果时，他紧跟对话节奏，讲述了当年室内各空间的设计细节，让人不禁由衷地佩服这位耄耋老人的记忆力以及逻辑思维能力。黄克武先生为了这个项目付出了 13 年的时间，并为此放弃了许多机会。项目开展过程中，他曾赴英国、法国、日本、瑞士等国家考察，把许多新的技术带回国并运用到北图工程中。采访中他还风趣地说，这个项目也让他有了很大的收获，获得了全国勘察设计大师的称号。项目完成后，他仍十分关心图书馆事业的发展，并为图书馆取得的新成就感到由衷的高兴。97 岁的黄克武先生仍然不舍建筑创作工作，2016 年，他还将新近完成的国家图书馆在不同时期建设的三座建筑的素描稿捐赠给了国家图书馆。与翟先生、黄先生的交往，也让笔者深刻地体会到了老一辈建筑师的人格修养。

5. 集体创作背景下的建筑师

北京图书馆扩建工程设计工作采用了先选定设计单位做方案，通过会议对

---

① 1969年，中苏关系恶化，为应对随时可能发生的战争，国家基本停止了大城市的建设，并将主要的工业厂房布置到中小城市或偏远地区。这种历史现象被称为“三线建设”。在此背景下，大城市设计院的设计师都被下放到地方，服务当地的相关建设。

图 5-23　黄克武（一排左三）、翟宗璠（一排右三）率队访问日本（翟宗璠　提供）

图 5-24　2016 年国家图书馆常务副馆长陈力赴上海拜访黄克武先生（左）并接收其北京图书馆三座建筑素描稿捐赠

形成方案进行讨论和评比，再指定设计单位按照不同类型发展方案，最后集中力量对最终方案进行综合的工作方法。这种组织方法不同于现在建筑师的个人创作，而是特定历史条件下的集体创作。在人民大会堂、毛主席纪念堂等国家重大工程中都采用了这种组织方法。这种组织方法能够发挥社会主义体制的优势，有效调动全国的设计力量，在经过充分研究后能形成一个综合各方面意见的方案。不足之处是综合后的方案往往受到一些束缚，在建筑理念上很难有较大创新。我国现代建筑的奠基人、著名建筑学家冯纪忠先生参加了方案设计阶段的工作，他就不太赞成方案设计采用综合的路子[①]。此外，由于是集体创作，有很多设计师都为方案的发展做出了贡献，因此很难说清楚这一建筑的设计师到底是谁。在本工程中，杨廷宝、张镈、戴念慈、吴良镛、黄远强组成的“五人小组”以及在后续设计工作中担任设计负责人的杨芸、黄克武、翟宗璠在方案的形成、演变、定稿、落实等不同阶段分别做出了重要贡献。因此他们八人都可被称为本项目的建筑设计师。

三、走出国门，为新馆建设取经

北京图书馆新馆工程技术复杂、规模庞大，为做好项目组织实施工作，早在 1973 年北京图书馆便成立了基建办公室，负责工程建设相关事宜。1982 年 3 月，经文化部批准，在北京图书馆基建办公室的基础上，成立了“文化部北京图书馆新馆工程筹建处”，代表北京图书馆全面负责新馆建设任务。筹建处主任由副馆长李家荣兼任。该机构编制 65 人，下设规划设计、工程、设备、计划财务、拆迁、材料和办公室 7 个科室。组成人员主要来自文化部、国家建委、基建工程兵部队、大专院校和北京图书馆。1984 年 10 月，又成立“新馆规划办公室”，负责规划新馆使用方案和专用设备的加工订货工作，主任由副馆长谭祥金兼任。该机构编制 50 人，设立综合、钢家具、木家具、计算机引

---

① 冯纪忠 . 建筑人生：冯纪忠自述 [M]. 北京：东方出版社，2010：188-189.

进、视听、缩微静电、复印出版、图书保护研究和办公室9个工作组，人员来自馆内抽调和馆外招聘①。

经过“文化大革命”十年浩劫，我国的各项事业都有待重新振兴。1977年开始，国家有关部委以及中央领导多次出访，通过走出国门实地感受，意识到我国与世界发达国家之间的差距，决心学习和借鉴发达国家的成功经验。一场改变中国前途命运的改革正在拉开序幕。北京图书馆作为我国图书馆行业的领头羊，担负着引领中国图书馆事业由近代图书馆向现代化图书馆转型发展的重要使命。正在兴建的北京图书馆新馆工程没有行业标准和技术规范，也没有前人的经验可以参考，迫切需要了解国外的最新情况。经过国家批准，北京图书馆自1977年起先后9次派出中国图书馆建筑和设备代表团赴日本、英国、瑞士、法国、美国、加拿大、匈牙利、德国等考察学习。1977年10月31日—11月22日，副馆长丁志刚率领设计、施工等单位赴日本东京、大阪、奈良、京都考察。考察期间，代表团参观访问了32家单位，其中包括16家各类型的图书馆、11处设计单位以及一些建筑或施工现场；与日本建筑学会、日中建筑技术交流会、日中文化交流协会等团体进行了广泛接触和交流。通过实地调研，代表团认为：①日本大型图书馆普遍采用的“三线”藏书的方式值得借鉴。一线藏书放在开架阅览室，存放最新的书刊资料，读者可以自取；二线藏书放在靠近开架阅览室的辅助书库内，保存一定年限的过期书刊，读者借阅时可通过工作人员索取；三线藏书放在基本书库内，主要收存呆滞的、借阅率相对不高的书刊资料，借阅时可沿用传统的借阅方法。②应利用现代化手段加强对图书的保护。要采用自动控制的方式保持书库温湿度环境相对稳定；善本库房需选用隔离红外线、紫外线的光源；应根据文献的种类，设置不同类型的自动灭火设施。③电子计算机、缩微复制技术、视听资料设备的应用，正在改变图书馆的业务格

① 李家荣，朱南，李以娣，等.北京图书馆新馆建设资料选编[M].北京：书目文献出版社，1992：473.

局和服务方式。这次考察，代表团还搜集到十九箱技术资料，包括个别图书馆的设计图纸和参观资料、施工规程、设备以及建筑材料的样品等[①]。

1982 年 6 月 5 日—20 日，黄克武率团赴英国考察。代表团访问了伦敦、伯明翰、诺丁汉、牛津四个城市，走访了 13 个建筑工程项目，并与大英图书馆新馆的建筑师、结构师见了面。通过考察，代表团发现，英国新建的图书馆都秉承藏书应接近读者、方便读者使用的指导思想，力求体现“书属于人民”这一精神，大英图书馆新馆建筑直接用了“Architecture—public good and private necessity”（建筑——对公家有利，对私人必要）的镌刻；图书馆室内环境不采用华贵的材料和繁多的装饰，而是更注重实用，给人亲近之感；英国的大型公共空间正在流行的密肋结构体系经济适用、布置方便，即使不吊顶直接外露结构也较为美观大方[②]。

通过亲身体验和学习，国外现代化图书馆许多新理念、新技术都被引进到国内并应用到北京图书馆新馆工程中。首先，图书馆调整了馆藏组织体系，将馆藏文献分成保存本、基藏本、流通本三种类型。保存本重在“保存”，体现北京图书馆“国家总书库”的职能；流通本重在“流通”，以开架阅览形式放在阅览室方便读者使用；基藏本作为保存本、流通本的副本，两者兼顾。在各类文献库房的平面布局规划中，充分体现了“三线”藏书的原则。其次，方案对书库、阅览室、业务采编加工用房等空间的组织方式和室内环境做了针对性设计。比如：书库采用 6 米 ×6 米或 6 米 ×9 米的柱网以及 2.5 米的净高，既方便了书架布置，也有利于节约建筑空间；阅览室大多采用开架阅览方式且尽量南北向布置，以便营造便捷的、有自然采光和通风的、可欣赏室外庭院景观的阅读环境；内部空间大多高大、方正，布置方式也较为灵活，有单层式、单侧跃层式、四周跃层中部挑空等多种方式。本项目在楼宇智能化以及图书馆业

① 李家荣，朱南，李以娣，等.北京图书馆新馆建设资料选编[M].北京：书目文献出版社，1992：214.

② 同①222.

务自动化方面也采用了许多先进的技术。为了防止火灾隐患，整个建筑群采用了瑞士西伯乐斯公司的火灾自动报警系统；善本书库、计算机房等重要区域还设置了气体灭火系统。为了提高取书效率、缩短读者等候时间，读者总服务台、书库各层工作站设置了从日本引进的 MC85-30 借阅单气力输送设备和从德国引进的 TELE-LIFT 自走台车传送系统。借阅单气力输送设备由微型电子计算机控制，可以将携带有借书单、阅览单信息的气筒通过专用气送管道送到预定的工作站，工作站工作人员根据借书单、阅览单信息提取读者需要的图书，再通过可以水平、垂直、倾斜行走的轨道式传送台车将图书运送到总服务台供读者使用。为了保证图书的保存条件，书库区采用集中供冷（暖）方式，冷冻机组选用了 3 台从美国引进的约克机组，制冷量为 1550 冷吨；空调控制系统选用了美国巴伯・科尔曼（Barber Colman）公司的设备，对书库温湿度进行实时监控。存放善本的善本库房选用了从日本进口的 RP-20U 恒温恒湿机组。此外，大型计算机、光盘存储检索系统以及照排、制版、缩微等先进设备也在本工程得到了应用。

北京图书馆扩建工程专业技术人员经过本项目建筑设计，专业设备的选型、加工、订货，以及现场施工管理工作的锻炼，迅速成长为我国现代化图书馆建设的专家。他们在工程结束后，承担起我国第一部《图书馆建筑设计规范》的起草工作，以此直接影响并推动了我国现代化图书馆建设事业的发展。

四、征地拆迁与开工准备

根据建设方案总体规划，北京图书馆扩建工程在紫竹院公园东北侧征用土地约 13 公顷，其中一期工程建筑用地约 9 公顷（含代征市政用地约 2 公顷）；预留发展用地约 4 公顷（含代征市政用地约 1 公顷）。为不影响工程整体进度，自 1975 年开始，北京图书馆便着手一期工程建设用地的拆迁工作，共涉及七家单位，需拆迁房屋约25000平方米，补偿面积约31000平方米[①]。北京图书馆除了支付补偿款外，还需要为这些单位落实搬迁用地并建设安置用房；安置用房的建设计划、建筑材料的需求指标以及市政配套设施也需要建设单位协调解决。由于程序复杂，拆迁进展十分缓慢。比如为第一皮鞋厂落实建厂用地就耗费了三年半时间（1975年5月—1978年8月）[②]。不仅如此，因为各部门间相互扯皮，导致拆迁工作停滞不前的情况时有发生。1979年，围绕北京图书馆扩建项目拆迁工作与项目列入国家计划哪个在先的问题，国家计委与北京市便存在分歧。国家计委认为，本项目的设计任务书已经下达，拆迁等前期工作便可以进行；而北京市认为，市里的基建任务十分紧张，国家计划既然没有安排该项目，就意味着主体工程开工遥遥无期，前期拆迁任务碍难全力支持[③]。1980年5月26日，中央书记处召开会议听取了北京图书馆馆长刘季平关于图书馆问题的汇报。会议决定按原来周总理批准的方案，将北京图书馆扩建工程列入国家计划，由北京市负责筹建，并请万里负责这件事。北京图书馆对此十分振奋。为加快推进拆迁工作，文化部向万里等中央领导同志提议应将该项工程列为国家重点项目并明确开竣工时间；请北京市副市长张百发负责统筹领导北京市各有关部门并协调解决工程建设相关问题。万里同意文化部的提议，他表示北京图书馆新馆建设已拖了二十余年，这个工程应列为国家及北京市的重点工程，认真抓好建设。他要求北京市指定专人负责，与文化部共同努力，争取在三年内（即1985年）基本完成工程建设任务[④]。北京市遵照万里的指示，请张百发抓紧安排落实。1982年6月至1983年4月，张百发先后4次召开

---

① 李家荣，朱南，李以娣，等.北京图书馆新馆建设资料选编[M].北京：书目文献出版社，1992：63.

② 参见国家图书馆档案室藏《国家文物事业管理局给谷牧副总理的报告》（1979-11-20）。

③ 参见国家图书馆档案室藏《关于北京图书馆扩建新馆工程急需加快进行的报告（79）》〔文物计字第136号〕。

④ 同①3.

现场会议解决北京图书馆新馆工程遇到的问题。在他的直接关心下，不仅拆迁工作得到快速推进，4 公顷预留用地也作为施工准备场地提前被征用[①]。在 1983 年 4 月 26 日召开的现场会上，张百发对未搬迁的单位提出了严格、明确的要求，并责成施工总承包单位三日内进驻现场做开工准备[②]。

这场始于 1975 年的拆迁工作到 1983 年才基本结束。期间有许多人都为此着急。杨廷宝先生就在1979年的一次会议上提到了这件事[③]。但受制于当时的社会大环境，加快进度不是付出努力就能办到的。与该地块相比，北京图书馆此前提出在文津街馆舍西侧、景山公园东侧、天安门西侧等地扩建馆舍计划的拆迁工作量更大，情况也更为复杂。因此，从推进工程建设的角度看，该地块较其他位置或许更合适些。

五、施工

北京图书馆扩建工程是继 1959 年人民大会堂之后，我国兴建的规模最大的公共建筑。该项工程结构复杂、屋顶形式多样、装修标准较高，并采用了许多新技术、新材料、新工艺，可以说施工难度很大。北京市建工局指定由北京市第三建筑工程公司（以下称三建公司）承担此项工程的施工总承包任务。该单位曾承建过人民大会堂、毛主席纪念堂等国家重点工程，在解决施工技术难题、确保工程质量和进度方面具有丰富经验。三建公司早在项目初步设计阶段便与设计单位展开配合工作。其中，最为重要的一项工作便是双方商定采用以聚丙烯塑料模壳作为模板的现浇密肋结构体系。该结构体系与传统的楼板结构相比，不仅楼板刚度和抗震性能更好，而且钢材、砼、模板用量也更为经济。

---

① 这块场地原来是海淀区白石桥生产大队的农田。场地被北京图书馆等单位征用后，该生产大队被撤销，社员全部转为城市户口，有 110 人被安置到北京图书馆工作。

② 李家荣，朱南，李以娣，等.北京图书馆新馆建设资料选编[M].北京：书目文献出版社，1992：619.

③ 东南大学研究所.杨廷宝建筑言论选集[M].北京：学术书刊出版社，1989：82.

只是这一工艺是英国近几年的新技术，在国内从未使用过。为此，北京图书馆在派出代表团赴英国开展调研工作的基础上，责成设计、施工单位联合国内多家单位就关键的“塑料模壳现浇密肋楼板的研究和应用”技术开展科研攻关。经过多次实验室模拟施工试验以及几个小型试验工程的施工，研究项目获得了成功，并在北京图书馆扩建工程中得以推广使用。

1983 年 4 月底，三建公司正式进场作业，曾承担过民族文化宫施工组织任务的乐志远受命出任本项目指挥长。工程正式开始施工前，三建公司做了三方面的准备工作。一是受建设单位委托，进行“三通一平”工作。7 月，场地内垃圾清运、树木清移、围墙、临建搭设完毕，施工现场已实现水通、电通、路通和场地平整条件。二是组织技术人员熟悉图纸，对应用于工程建设中的建筑材料与设备、施工工艺与做法进行研究。针对新技术、新材料、新工艺及时组织调研、试验以及技术培训。三是根据工期要求和工程特点，细致做好人工、材料、机械需求统计，并据此制订合理的施工组织方案。乐志远回忆说[①]，在开工准备阶段，考虑到设计中 6000 根 Ø0.4 米桩的施工周期较长，质量不易保证，施工单位提出改用技术性能更为稳定的 Ø1.0 米桩来减少桩的数量和缩短周期。在经过现场承载试验后，优化方案获得成功并在工程中得到应用。1983 年 9 月 23 日，各项准备工作基本就绪，北京图书馆扩建工程举行了奠基典礼。中央书记处书记邓力群，全国人大常委会副委员长严济慈，全国政协副主席钱昌照、叶圣陶，文化部部长朱穆之等领导同志出席仪式并为基石培土，北京图书馆及各参建单位共计 500 多人参加了典礼。奠基典礼前夕，邓小平为北京图书馆新馆题写了馆名。1983 年 11 月 18 日工程正式开工。

为建设优质工程，施工总承包提出了高速、优质、安全、低消耗开展建设的总体目标。工程一开工，受中国女排精神鼓舞，指挥部便针对工程质量明确提出“夺银牌，争金牌”、为国争光的硬性要求。在具体操作层面，严格落实

① 采访时间：2017 年 7 月 5 日；采访地点：乐志远家。

图 5-25　1983 年 9 月 23 日北京图书馆新馆工程奠基典礼（国家图书馆档案室　藏）

三检制、挂牌制、样板制。三检制即自检、互检和专检制度；挂牌制是在各工程段醒目处悬挂单位工程名称、质量责任主体及负责人、质量控制目标；样板制要求各分部分项工程应按标准先做样板段，通过验收后方可大面积施工且须参照样板段标准作业。与此同时，为确保施工安全、质量、进度以及工程造价得到有效控制，建设单位与施工总承包单位还建立了奖惩机制，该激励政策层层分解，落实到人，极大调动了工人创先争优的劳动干劲[①]。

按照原定计划，本项目合同工期为四年九个月。1984 年 9 月，文化部部长朱穆之和北京市副市长张百发主持召开会议，决定新馆工程务必赶在

① 李家荣，朱南，李以娣，等.北京图书馆新馆建设资料选编[M].北京：书目文献出版社，1992：267.

1987 年 7 月 1 日（为“十三大”献礼）前交付使用①。照此计算，工程需提前一年两个月完成。为此，施工单位重新调整了施工组织体系及方案，建设指挥部将多层级管理简化为两梯级管理并明确各级责任。生产与技术协调、设备加工订货工作由指挥部负责统筹安排；各生产班组负责组织施工并实行经济切块包干，在保证施工质量、进度以及施工安全的前提下，自主安排劳动力、现场物资及机械台班。优化后的施工组织方案一方面为工期相对较长、施工难度相对较大的单体提前创造工作面，另一方面针对劳动力需求量较大、且施工时间相对集中的室内装修工程，由三建公司统一在全北京调度劳动力资源。在装修施工高峰期，施工现场的工人数量超过了 4000 人。

图 5-26　北京图书馆新馆工程施工现场（国家图书馆档案室　藏）

① 李家荣，朱南，李以娣，等.北京图书馆新馆建设资料选编[M].北京：书目文献出版社，1992：620.

图 5-27　时任文化部部长朱穆之主持会议研究壁画方案（国家图书馆档案室　藏）

施工期间，时任国务院副总理万里多次到工地现场视察。他每次到工地，看得都十分仔细，并会与现场人员进行深入的交流。当他看到阅览室挑空较高，会问灯光照度够不够，能不能满足读者的阅读需要。在书库参观，他特别提醒一定要做好恒温、恒湿和防潮，善本书不能因为赶着开馆着急搬迁，既要避开雨季，还要观察室内湿度是否合适。当他看到外立面大量采用了小块面砖时，他说这种材料容易掉，将来不好维护[①]。在文津厅，当他乘坐电梯时说给读者使用的电梯太小，使用起来会不方便[②]；在展厅，得知矿棉吸音板吊顶由于国内技术不过关，而选用了进口产品时，他忧心忡忡。除了工程建设外，万

① 由于容易脱落，目前外装工程已基本不采用这种做法。本工程在施工过程中，特意进行了粘贴拉拔试验。投入使用 30 年来，仅出现了少量的脱落现象。

② 乘坐6个人便显得拥挤。开馆后，许多读者都提出使用不方便。在2010年进行的维修改造工程中，对电梯井道进行了扩建。

里还特别关心北京图书馆的事业发展。他说一个现代化的图书馆一定要有得力的干部。图书馆是一门专门的学问，北京大学有图书馆管理系，应培养一批人才，不合格的不能进图书馆。同时还要学会现代化的管理，第一流的建筑搭配第三流的管理可不行。考察中，万里说这是周总理交代给他办的一件事情，还勉励所有建设者，说他们给中国人民办了一件好事，给文化界办了一项大工程。大家一定要认真负责地把这个百年大计的工程建设好，干干净净地交给使用单位。同时，他还指示这项工程的经费必须给够，材料必须保证、质量必须第一流、1987 年 7 月 1 日必须竣工、10 月 1 日必须开放，让十三大代表都来参观①。

在参建各方的共同努力下，主体工程在 1987 年 6 月 30 日全部竣工。该项目被评为 1987 年度北京市优质工程。三建公司以实际行动实现了万里提出的工程质量必须第一流、“七一”必须竣工的要求。1987 年 7 月 17 日，万里在北京市委书记李锡铭、文化部部长王蒙陪同下，再次到工地现场查看了建成的新建筑并亲切看望了建设者。他对三建公司的表现给予高度赞扬，并为该公司题词“为人民再立新功”。7 月 25 日，三建公司召开“北图工程竣工庆祝大会”，万里又亲自到会祝贺②。

六、工程投资

由于工程建设周期较长，根据客观情况的变化，工程总概算做过几次调整。第一次是在 1975 年 4 月批准建设方案时，国家计委按照北京图书馆上报的投资 7800 万元做了批复。其实，当时方案设计尚未进行，建筑物到底是什么样子北京图书馆自己也还不清楚，对需要的设备了解得就更少，因此这只是一个很粗的估算。1980 年，扩大初步设计工作结束后，北京图书馆在维持

---

① 李家荣，朱南，李以娣，等.北京图书馆新馆建设资料选编[M].北京：书目文献出版社，1992：5.

② 同①624.

新馆工程建设规模以及建筑标准的原则下，将设计概算调整为12633万元并上报国家建委。调整原因有以下几个方面：①各种建筑材料价格调整；②唐山大地震后，加强了建筑物的抗震能力设计；③原编报设计任务书时经验不足，经费存在漏项；④对图书馆现代化必需的一些专用设备，原计划全部立足于国产，但从实际情况看，国内的某些产品仍不过关，不得不从国外引进一部分[①]。因国家财政困难，国家计委调减了1980年的国家基础建设项目方面投资。由原计划的360亿元的投资缩减到230多亿元[②]。具体到本项目，国家计委提出应将工程投资控制在1亿元以下。北京图书馆就此做出了调整：①调减土建安装工程费用，比如取消书库吊顶，核减部分材料单价；②电子计算机系统、钢书架、缩微复制、视听、印刷等专用设备暂缓购置，待工程建成后逐步配齐。调整后初步设计总概算为9469万元[③]。1981年国家建委批准工程初步设计文件，批复设计总概算为9455万元。

随着我国经济建设的发展以及改革开放的深入，社会各方面对北京图书馆新馆建设越来越关注。党中央国务院多次指示“中国应有一个世界第一流的图书馆”“新馆采用国内外现代化技术”。根据这些要求，文化部认为前期暂缓但又代表图书馆现代化水平的计算机等项目应在此次建设中一并考虑，初步设计未批准的阅览室集中空调系统也应该上马。特别是1983年完成施工图设计、施工方案编制以及主要设备的国内外调研工作后，文化部发现原先批准的设计概算明显不足。1984年，文化部就设计概算问题向国务院领导、国家计委主要领导做了汇报。本着实事求是的原则，文化部责成北京图书馆新馆工程筹建

① 参见国家图书馆档案室藏《请批准北京图书馆新馆工程总概算的报告（80）》〔文物字第74号〕。

② 参见国家图书馆档案室藏《国家文物管理局局长任质斌同志在北图扩初审查会议上的讲话》（1980-02-02）。

③ 参见国家图书馆档案室藏《关于调整北京图书馆新馆工程扩大初步设计总概算的函（81）》〔文财字第95号〕。

处、建设部建筑设计院以施工图和施工方案为依据，考虑近年来各种费率变化、材料设备价格调整和施工因素，加上经有关部门同意后决定引进的部分关键设备和少量我国尚不能生产或质量不过关的建设材料所产生的差价，联合编制了施工图阶段的修正概算。1984 年 10 月 29 日，文化部向国家计委报送了核批北京图书馆施工图阶段修正概算的报告，修正概算投资额为 23023.84 万元。1984 年，正值我国开始在基本建设领域推行投资包干制。在 11 月 22 日国家计委、北京市、文化部联合组织召开的解决北京图书馆工程施工存在问题的会议上，三方议定北京图书馆应实行概算投资包干，施工单位应实行概算造价包干。1985 年 4 月，国家计委经报请国务院批准修正概算投资额为 23024 万元。在批复中国家计委明确要求北京图书馆扩建工程应实行总投资包干，超支不再追加，并且要尽快落实到各承包单位。作为大型公共工程基本建设投资承包试点，这对北京图书馆和三建公司都是一个崭新的课题，显然大家没有做好充分的准备。经过反复测算，三建公司明确表示已批的概算偏低，无论如何也包不住。在此前后，国际经济形势发生了较大变化，建筑材料、设备价格上涨幅度明显。投资不足的矛盾已经影响到了工程进展。为解决这一重大问题，1986 年 5 月，国家计委、文化部和北京市共同研究决定委托北京市建委组织专家小组对新馆工程所需费用进行独立审核。8 月，三方负责同志共同听取了专家小组审核结果，原则同意审核意见和承包投资额。文化部于 11 月按照审查结果报批调整概算为29108万元，申请追加建设投资6084万元[①]。国家计委对北京图书馆再次要求修正概算较不满意，迟迟没有批复。为此，1987 年文化部向国务院上报了《关于北京图书馆新馆工程投资问题的紧急报告》。万里于 5 月 20 日批示“此事不能再拖了，请宋平同志速决”。宋平在 5 月 21 日批示“依林、维中同志：万里同志当面同我谈了，这个工程不能拖，出点赤字

① 李家荣，朱南，李以娣，等.北京图书馆新馆建设资料选编[M].北京：书目文献出版社，1992：456.

（财政）也得认了。是否按此精神由计委找几位同志，同他们具体核实一下，把工程搞完，但能节省的还是节省，这也符合当前双节精神，如何，请酌”。姚依林于5月26日批示“同意宋平同志意见。北京图书馆必须完工，但同时必须注意节约。实在必须超出原概算的，要允许超过，但浪费必须制止，请计委主持加以核定。至于赶在十三大前开馆献礼，可以不必，这是百年大计，还是要注意质量第一，早一个月，晚一个月都可以。超出的部分，由计委同财政部各负担一半左右”[①]。1987年6月6日，国家计委根据中央领导指示就北京图书馆扩建工程的概算问题向国务院做了汇报并提出处理建议：①北京图书馆扩建工程设计概算仍维持为23024万元，不能一调再调。②超出部分按超概算处理。当年要求追加的投资，按照中央领导要求调剂解决3024万元（遵照万里同志指示，已于5月23日下达3000万元），另外3024万元由财政部解决。③工程建成后，应开展项目后评估工作，总结经验教训[②]。文化部据此落实了新馆工程实行投资包干的要求。经工程决算，总费用为280691322.60元，结余资金10388677.40元。其中建安工程为177965796.49元（施工单位承包项目146329313.55元，建设单位承担项目31636482.94元），图书馆专用设备为39744327.50元，其他建设费为26981198.61元（其中勘察设计费为1396582.56元），电子计算机系统为36000000元（决算时尚未完工，按此数包干使用不再做调整）。以工程总规模163662平方米（图书馆面积142162平方米，职工住宅21500平方米）计算，每平方米造价为1715.07元[③]。

七、北京图书馆新馆面向读者开放

1987年7月，北京图书馆扩建工程基本建成。它是一个由13个单体建筑

---

① 李家荣，朱南，李以娣，等.北京图书馆新馆建设资料选编[M].北京：书目文献出版社，1992：5.

② 同①454.

③ 同①454-472.

组成的建筑群，建筑面积142162平方米，可藏书2000万册，拥有3000个阅览座位。设计方案采用对称严谨、高低错落、馆园结合的布局。建筑外墙采用淡乳白泛蓝色小块面砖，花岗石勒脚基座、白色粒状大理石薄抹窗套和线脚装修；屋顶采用简洁平直的汉阙形式，覆盖孔雀蓝色的琉璃瓦；门窗采用古铜色铝合金框和茶色玻璃。该立面方案外观考究、用色独到，建筑形式、尺度、比例均经过仔细推敲，具有鲜明的民族特色和时代特征。在院落规划方面，设计方案一方面保留了基地东南角两棵400多年树龄的银杏树，用以象征中华文化的深厚底蕴；另一方面利用建设用地紧邻紫竹院公园的有利条件，在建筑群内部庭院中运用水池、叠台、花木、瘦石等手法再现自然，体现出图书馆古朴大方的书院特色，突出“馆中有园，园中有馆”的环境主题。与室外相比，一期馆舍室内空间同样精彩：“三横两纵”五条轴线组成的交通流线网络，链接起室内五处大小不一、趣味各异的公共空间，围合出七个不同主题的内部庭院；室内装修以红（地面）、白（墙面和吊顶）两种颜色作为主要基调，并运用少量的传统材料，比如汉白玉、紫砂陶板、青白石加以烘托，构建了明快淡雅、安静舒适的阅读环境。

1987年7月4日，在北京图书馆新馆开馆前夕，《人民日报》刊登了采访总建筑师杨芸的一篇文章[①]。杨芸从建筑美学、民族化风格与现代化功能的关系方面，扼要介绍了北京图书馆扩建工程的设计意图。杨芸在文中介绍北京图书馆是一座规模庞大、使用功能极其复杂的建筑群组，是我们国家一项重大的文化建设工程。对这项工程，上上下下关心者极多，现在的方案是在很多方案的比较、淘汰、综合过程中逐步完善的。因此，很难讲是某个人的设计作品。在谈到图书馆建筑风格时，他说这次设计进行了一次创造，是具有中国风格的图书馆建筑的尝试。从整个平面布置来说，主要遵循了我国传统的手法：中轴对称，布局严谨，高低错落，层次丰富。在建筑形式的传统继

① 李彤.话说“书城”：访北京图书馆新馆总建筑师杨芸[N].人民日报，1987-07-04(8).

承上，杨芸认为有两条途径。一是取其精神，把传统样式进一步抽象化，而不直接用大屋顶，即所谓“神似”。如日本著名建筑师丹下健三设计的东京代代木体育馆，就是“神似”的成功例子。二是仍然采用大屋顶，如20世纪20年代的燕京大学，20世纪五六十年代的民族文化宫、中国美术馆等，应谓之“形似”。他觉得“神似”是更好的创作途径，但如果在北图这座国家重点工程上做那样的尝试，恐怕不易为人理解和接受。作为20世纪80年代的设计者，应该比前辈们有所前进；同时还要考虑到仿木结构的大屋顶极厚重、繁杂，与它下面这座现代建筑群的坚实形体难以协调，大屋顶的内部空间也很难利用。基于上述考虑，设计团队越过明清建筑，而从汉魏画像石、石窟浮雕和出土明器中取法，把屋顶设计得线条粗放、简洁有力。现在的北图新馆大屋顶，实际上是坡度平缓的四坡顶，屋顶上的脊、吻造型经过了简化。此外，方案对门窗大小比例、细部和色彩也进行了着意处理。在谈到建筑内部空间设计时，杨芸谈到内部设计不搞繁杂豪华的装修，而着重于改善阅览及工作条件，探讨完整的空间处理。全馆除阅览室外，按照读者的入馆流程和活动情况安排了门厅、出纳厅、休息活动大厅等五个大小不等的活动空间，形成了几种不同的空间序列，内部空间变化比较丰富，且有两条通廊连接其间。馆中央有两个室外的中国花园式庭院，室内也有树石水池组成的小庭院，并重点布置陶雕壁画及建筑小品。这样的内外渗透，形成了“馆中有园”的建筑特色。而在选址时已考虑到借用毗邻的紫竹院公园的湖光山色，又可谓是“园中有馆”了。

1987年10月6日，北京图书馆举行了隆重的新馆开馆典礼。典礼由北京图书馆馆长任继愈主持，国务院副总理万里为新馆开馆剪彩，文化部部长王蒙致辞。方毅、余秋里、胡启立、秦基伟、邓力群、王首道、黄镇、阿沛·阿旺晋美、周谷城、严济慈、杨静仁、钱昌照、周培源、包尔汉、缪云台、赵朴初等党和国家领导人与800余名国内外嘉宾出席了典礼。王蒙在讲话中表示北京图书馆新馆开馆是我国文化生活中的一件大喜事，它的建成说明了党和国家

图 5-28 1987 年北京图书馆新馆开馆（国家图书馆档案室 藏）

对文化建设的高度重视和人民群众对文化知识的迫切要求。他希望北图新馆的建成能带动我国图书馆事业的进一步发展，更好地为全面改革和社会主义现代化建设事业服务，为提高全民族的科学文化水平，培养有理想、有道德、有文化、守纪律的新人服务。10 月 15 日，北京图书馆新馆正式面向读者开放。为了保证开馆当天的秩序，北京图书馆采取发放入馆券的方式接待来馆读者，接待人数限定上午 1000 人，下午 500 人。早上 7 时 45 分，入馆券发放处便已有 200 余人在排队等候。排在最前面的是两位北京大学化学系的学生，他们凌晨两点便赶到了新馆。据在场的记者了解，这些读者中，有的以能作为北京图书馆的第一批读者而自豪，有的是想赶早办一个读者证，担心来晚了办不上，有的急着借阅所需的书刊资料，还有许多人就是想看看新馆的风貌。8时45分，上午的1000张入馆券就已发放完毕，没有领到入馆券的读者守在门口不肯离去。图书馆不得不临时将入馆方案调整为在馆读者总量控制，按照进出馆人数实时补发相应数量入馆券。根据统计，开馆当天共接待了5000名到馆读者。大多数读者都对新馆环境以及服务举措表示满意。也有一些读者提到办证处排队时间长、图书馆管理与建筑的现代化水平不匹配等问题[①]。开馆前后，北京图书馆还接待了许多重要团体来馆参观。如10月23日，中共中央第十二届七中全会委员、中央顾问委员会委员及中央纪律检查委员会委员共700人到北图参观[②]。美、日等许多国家以及港、澳、台地区的许多媒体对北京图书馆新馆开馆进行了报道。在国内，新馆开馆更成为媒体争相报道的热点，单是《人民日报》就在1987年围绕北京图书馆新馆建设报道了22次之多。从国内外来宾的评价以及媒体报道情况看，北京图书馆新馆开馆赢得了各方面的普遍赞誉。有些来宾评价新馆建成是“中国二十世纪文化事业上的一个重大成就”、新馆是“世界一流水平的图书馆”[③]。继开馆当天开放第一批阅览室后，北京图书馆先后于1987年12月15日、1988年5月30日、1990年9月3日向读者陆续开放了新馆的所有阅览室及服务设施。与之配套建设的黄亭子宿舍楼、金沟河宿舍楼、员工单身宿舍楼、大柳树宿舍楼以及民族学院南路5号楼也分别于1987年10月、11月，1988年6月、10月，1990年6月完工并交付使用[④]。

---

① 李家荣，朱南，李以梯，等.北京图书馆新馆建设资料选编[M].北京：书目文献出版社，1992：454-472.

② 同①626.

③ 同①559.

④ 同①622-630.

图 5-29　文津厅（国家图书馆档案室　藏）

图 5-30　紫竹厅（国家图书馆档案室　藏）

图 5-31 F 楼前厅（国家图书馆档案室 藏）

图 5-32 贵宾厅（国家图书馆档案室 藏）

图 5-33 目录检索大厅（国家图书馆档案室 藏）

图 5-34 阅览室 1（国家图书馆档案室 藏）

图 5-35　阅览室 2（国家图书馆档案室　藏）

图 5-36　书库（国家图书馆档案室　藏）

图 5-37　公共走廊（国家图书馆档案室　藏）

图 5-38　K 楼展厅（国家图书馆档案室　藏）

图 5-39　C 楼文会堂（国家图书馆档案室　藏）

图 5-40　M 楼嘉言堂（国家图书馆档案室　藏）

八、工程验收

新馆建设工程竣工后，北京图书馆会同有关部门组织了工程验收。由国家计委、文化部、建设部、物资部、北京市人民政府等 15 家单位组成的国家验收委员会对北京图书馆新馆工程进行了国家验收。1988 年 11 月 30 日，60 多家单位近 300 人出席了国家验收会议。会议由国家计委委员石启荣主持，新馆工程筹建处主任李家荣在会上代表建设单位做了《北京图书馆新馆工程建设总结报告》。报告提到新馆彻底改善了藏书条件；实行开架阅览极大方便了读者；设有报告厅、展览厅、视听阅览室等读者活动场所，丰富了读者服务内容；拥有电子计算机、缩微复印等先进设备，逐步实现了现代化；新馆为开展对外文化交流提供了新的条件。报告指出，由于设计时间早，建设周期长，从使用情况看，有些功能还不尽完善，有待日后完善。建设部建筑设计院顾问、总建筑师翟宗璠代表设计单位做了《北京图书馆新馆工程设计总结报告》。报告全景式回顾了长达13年的艰辛设计历程，指出了个别阅览室和公共空间的位置不够理想，以及建筑东立面边界距离城市主干道较近等方面的不足。北京市第三建筑公司经理乐志远代表施工单位做了《北京图书馆新馆工程施工总结报告》。他介绍了工程在合理安排施工、努力压缩工期，积极采用先进技术、提高生产力，实行经济承包、提高经济效益，树立质量意识、完善质量保证体系、保证工程质量等方面的具体做法。他指出在工期安排上存在先松后紧的现象；在管理上，存在建筑材料浪费的情况；在质量控制上，有些环节的防水处理考虑不周。北京图书馆规划办公室主任徐自强做了《北京图书馆新馆工程设备总结报告》。报告指出，北京图书馆按照"实用"（能满足功能要求）、"先进"（能接近或赶上世界先进水平）、"节约"（从我国国情出发，少花钱多办事）的原则，自行承担了土建设备以及图书馆专用设备共计20个项目的选型、加工、订货工作。除了电子计算机系统主机未到货，其他设备系统均已到位，且经过一年的试运行，设备运转情况总体良好。但个别系统在试运行中也暴露出了一些问题，比如：书车传送系统前三个月故障较多，后经调试，故障率明显降低；个别空调机组存在噪声较大的情况；书单气送系统由于单管双向运输，存在等待时间较长的明显不足；等等。会上，国家计委重点建设司非工业处处长、北京图书馆新馆工程国家验收办公室主任沈澄钧也做了《北京图书馆新馆工程国家验收办公室工作报告》。国家验收委员会对新馆工程进行了认真的检查及鉴定，认为由文化部组织的初步验收和由国家验收委员会办公室组织的复查是认真、有效的，可以作为国家验收的依据。验收委员会认为，北京图书馆新馆工程遵照国家批准的建设方案和有关文件组织建设；装备标准和投资调整经过国务院和国家计委批准；新馆工程设计凝聚了全国许多著名专家和众多设计工作者的心血，是一项优秀的设计；建安工程比合同工期提前一年多竣工，工程质量优良，施工单位的成绩较为突出；新馆工程的设备系统性能可靠，达到了设计要求，为北京图书馆管理现代化提供了物质基础。验收委员会高度评价工程建设者所做出的巨大努力和表现出的团结协作精神，对工程质量感到满意，一致同意工程通过国家验收。鉴于电子计算机主机尚未到货，验收委员会同意该系统安装完毕后委托文化部进行验收。国家验收委员同时还决定北京图书馆新馆工程需要开展后评估工作，该项工作也委托文化部负责组织实施[①]。

九、后评估

1989 年 12 月 25 日—26 日，后评估会议在北京图书馆新馆举行。除了文化部、国家计委、北京市建委及参建单位的代表，后评估会议还特意约请了吴良镛、周文俊、佟曾功、冯秉文、张镈、李翔等建筑学家、图书馆学家作为专家与会。大家一致认为党中央、国务院关于建设北京图书馆的决策高瞻远瞩，体现了党和国家对发展社会主义文化事业的高度重视。周总理关于“一劳永逸”的指示完全符合图书馆事业的发展规律，给建馆指明了方向，使北京图书馆第一期工程建成了一个相对稳定和功能配套的新馆，同时有了一个远期设想并为二期工程准备了建筑用地；在规模上，一次性批准兴建 16 万平方米（含住宅）的馆舍，这在世界图书馆建设史上都是少见的。新馆规模堪称“亚洲第一、世界第二”，显示了我们社会主义大国的气度，满足了北京图书馆在 21 世纪的要求；在标准上，中央领导同志“要建得好一点”和“中国应该有一个世界第一流的图书馆”的指示，使北京图书馆向现代化迈进了一大步，列入了世界先进的国家图书馆行列。新馆地址选在海淀区紫竹院东北畔，交通方便，风景秀丽，加上具有民族特色的建筑群体，给读者提供了一个幽雅的读书环境；馆址处在北京高等院校和科研机构集中的地区，便于科研人员和广大知识界利用图书馆的知识信息；新馆另在北侧征用 3 公顷农田作为二期工程发展

---

① 李家荣，朱南，李以娣，等.北京图书馆新馆建设资料选编[M].北京：书目文献出版社，1992：563-591.

用地，为今后扩建提供了条件。新馆的规模适宜，建筑面积、藏书总量、阅览座位均符合设计任务书的要求；开馆两年来平均每天接待五六千人次，这与设计任务书每天接待七八千人次的要求基本相当；图书加工用房基本可以满足要求，但后勤用房存在偏紧的问题。新馆建设标准是恰当的，贯彻了国家图书馆“要建设得好一点”和“百年大计、质量第一”的指导思想，总体设计、内外装修上雄伟、典雅、朴素、大方，主要材料大多采用国内产品，没有脱离功能和使用要求去盲目追求奢华、高标准；在设备上，考虑到功能和管理的需要，引进了一些必要的先进设备，从运转情况看，这些设备总体上是可靠的。新馆的效益非常显著，实现了国家图书馆藏书集中庋藏、善本特藏可以做到长期安全保存的要求；新馆的先进设备为逐步实现图书馆现代化提供了条件；自开馆以来，新馆已接待国内外读者三百多万人次，书刊流通量六百多万册，开架阅览的书刊达一百万册，大大方便了读者；开馆以来接受各种参考咨询万余件，其中重大课题咨询二百多件；新馆阅览室宽敞、明亮，报告厅、展览厅、多功能厅已经成为首都举办多种学术报告、讲座、科技文化交流的重要场所，还接待各界参观、学习，人数达十万人次。新馆工程决算结果，每平方米1735元，与我国同期同类建筑造价相比并不高。工程概算调整的数额符合实际和国家有关政策，并经国家有关部门批准。北京图书馆根据国务院领导同志和国家计委指示，采取了许多措施，努力把投资节约下来，比最后核定的概算少用1039万元，成绩是显著的。

参加后评估会议的专家一致认为北京图书馆新馆工程是成功的，为我国大型公共设施建设提供了宝贵的经验。新馆工程的设计凝聚了全国许多知名专家和众多设计工作者的心血，获得了全国设计金奖、全国工程质量银质奖、全国鲁班奖，并在北京评选八十年代十大建筑时名列榜首。

北京图书馆新馆工程建设有一个由建筑、设备、业务等各类专业技术人员组成的强有力的筹建班子。他们在规划设计、征地拆迁、组织施工、设备加工订货、编制工程概算、加强计划、财务、质量管理、协调各方面关系等方面做了大量工作，保证了筹建工作的成功开展。

会上，专家们还从不同角度谈了北京图书馆新馆工程存在的一些问题：①在前期工作中可能对有些问题的研究不够充分，导致工程开工后还有相当多的变动，特别是有些设备选型确定得比较迟，给工程管理带来不少困难，这也是多次调整概算的主要原因之一。②在功能上，书库过于集中，出纳台在书库外面，不利于安排书刊传送流程，影响了传送速度，也给读者带来了不便。③在设备的配置方面调研不够，有的设备决策上有失误，如印刷设备、机修设备的品种、数量过多，造成利用率不高；X 光透视机的购置必要性不大。④有的专家提出，大型计算机论证时间往往需要好几年，迟一点购置可能更合适[①]。

十、回顾和展望

北京图书馆新馆工程是由周总理倡议，国家建委组织方案设计，文化部负责具体实施的大型公共文化建筑。工程建设经历了一系列重大历史事件，尽管在项目推进过程中遇到了各式各样的困难，但在万里、谷牧等中央领导，宋养初、张百发等部委领导同志的直接关心和支持下，全体参建者不畏艰难，持之以恒，以较高水平完成了现代化图书馆的建设任务。如今回顾并总结北京图书馆新馆建设成就，就不得不再次提起周恩来总理，他的贡献不仅仅局限于为图书馆新馆建设指明了方向，更多的是鼓舞并带动了许多人为了完成他的遗愿而呕心沥血地工作。吴良镛曾说[②]，1976 年 1 月，得知周总理去世的消息时，“五人小组”正在开展设计工作，坐在他对面的张镈哭得十分伤心，大家都下决心一定要把这个周总理直接关心的项目设计好。国务院副总理万里也多次提到这个工程是周总理交给他办的，项目从选址、设计、建

---

① 李家荣，朱南，李以娣，等.北京图书馆新馆建设资料选编[M].北京：书目文献出版社，1992：603-605.

② 采访时间：2015 年 5 月 8 日；采访地点：国家图书馆红厅。

设、竣工到管理，他都参加了，如果不完成说不过去，完成了他死而无憾[①]。正因如此，每当遇到重大困难，无论是北京图书馆，还是文化部，首先想到的都是找万里同志出面协调解决。每次万里同志都旗帜鲜明地给予大力支持，其他中央领导同志同样如此。该工程能够顺利建成更得益于拨乱反正以及改革开放政策。1978年，我国开始集中精力发展经济，社会主义各项建设事业全面复苏，国家财政状况也日益好转，曾经多次暂缓或延迟的北京图书馆新馆建设项目得以继续推进，并在原有基础上适当提高了建设标准以及现代化水平。与此同时，许多因“三线建设”下放到地方的工程技术人员回到北京，也大大加强了工程建设的技术力量。最为重要的还是有一批踏实工作、刻苦钻研、具有开创精神的建设者。翟宗璠先生提到，北京图书馆副馆长、新馆工程筹建处主任李家荣是个有魄力的领导干部，他具有改革开创精神，敢于采用新技术，图书馆在现代化建设方面取得的成就与他的努力密不可分[②]。中国建筑设计研究院原顾问总建筑师饶良修先生当年负责室内装饰设计工作[③]。据他介绍，国家图书馆一期馆舍公共空间的重要灯具都是他根据现场情况设计的。为了化繁为简，他采用了组合式灯具设计，也就是设计出一个单元组件，通过拼插组合成多种样式。一期馆舍文津厅的满天星灯，公共走廊的球形网格灯和壁灯，室外的盘格灯都采用了这种形式，由一个球形灯泡和一个直杆组合而成。这些灯具都由他亲自画出工艺结构图并联系工厂生产制造[④]。

2010年，国家图书馆启动了对该馆舍的升级改造工作。考虑到设计的延续性，设计任务委托给中国建筑设计研究院完成，并邀请该院总建筑师崔愷担任这一改造项目的总建筑师。崔愷先生带着对前辈的敬意，历经5年时间，完

---

① 李家荣，朱南，李以娣，等.北京图书馆新馆建设资料选编[M].北京：书目文献出版社，1992：3-7.

② 采访时间：2015年6月12日；采访地点：翟宗璠家。

③ 采访时间：2015年6月29日；采访地点：饶良修办公室。

④ 胡建平.国家图书馆一期馆舍建筑设计之路[J].建筑学报，2017（12）：81-87.

成了改造任务（详见后文）。笔者作为此次维修改造的技术负责人参与了此次改造，并深切感受到这一建筑的原有空间设计堪称时代的经典，于是从 2014 年开始征集、系统梳理当年工程建设的有关资料，而寻访当年建设的亲历者是其中的一项主要内容。经过几年努力，笔者先后采访了吴良镛、黄克武、翟宗璠、王觉、侯一民、李化吉、金志舜、庄念生、饶良修、沈三陵、黎志涛、杨士英、任庆英、黄伟康等 14 位当事人或见证者。令人遗憾的是，王觉、庄念生以及尚未来得及采访的陈世民先生相继离世。这让笔者深刻意识到笔录采访形式过于单薄，应通过影像抢救性记录这些曾经为国家图书馆建设做出过重要贡献的长者。2016 年底，在笔者的建议下，国家图书馆将相关采访工作纳入社会教育部承担的中国记忆项目。为保证项目快速推进，笔者一方面将收集到的资料提供给采访团队，另一方为采访工作提供技术支持。从 2017 年 3 月 30 日起，采访团队用四个月的时间完成了 19 位亲历者的口述史采访，另外还有一次座谈式采访。采访内容也从馆舍建筑设计扩大到施工、图书搬迁和业务建设等领域，影像资料时长达 20 小时。

图 5-41　2015 年 6 月 25 日笔者拜访翟宗璠（右）（翟宗璠家属　摄）

图 5-42　2017 年 7 月 6 日笔者拜访乐志远（左三）（李东晔　提供）

图 5-43　2017 年 10 月 12 日一期馆舍建成开馆 30 周年座谈会（马涛　提供）

2017年10月12日，国家图书馆召开会议纪念一期馆舍建成并开馆30周年。这是一场别开生面的座谈会，多位前期接受采访的亲历者应邀参会。原文化部部长王蒙，原文化部副部长艾青春、周和平、张旭，中国工程院院士张锦秋、崔愷以及来自国家图书馆和全国图书馆界代表共计80余人参加了座谈会，会上播放了口述记录短片。该片以时间为序，通过人物采访，回顾了当年一期馆舍设计施工、图书搬迁、业务建设的艰辛历程，获得了与会者的一致好评。部分亲历者还在会上分享了一期馆舍建设的故事，发言感人肺腑。与会者纷纷表示应倍加珍惜并充分发挥馆舍空间在图书馆事业发展中的重要作用，让国家图书馆更好地履行“传承文明、服务社会”的宗旨。

信息时代 再建新馆

根据1975年国务院批准的北京图书馆总体建设方案，北京图书馆白石桥馆舍一次性征地10公顷，分两期建设。一期工程占地7公顷，建筑面积14.2万平方米，于1987年建成并投入使用。1989年，一期工程评估工作结束后，北京图书馆便结合评估意见以及事业发展中遇到的问题，开始筹划二期工程立项工作。二期工程占地3公顷，位于一期工程北侧，2004年12月工程奠基，2008年建成并投入使用。

一、白石桥二期馆舍项目筹划

自1989年开始至1999年为止，北京图书馆先后七次向文化部递交了二期工程规划方案和立项申请报告。在前期的规划方案中，二期工程主要包括三项建设内容：①建设连续出版物收集、编目、储藏和借阅用房；②建设后勤服务用房；③建设职工住宅楼。项目建设规模约9万平方米。20世纪90年代中期，随着电子信息技术的发展，国外许多图书馆开始建设电子图书馆。根据新形势，北京图书馆在1996年上报的二期工程规划方案中新增了电子信息楼的建设内容。但上述几次申报工作均未取得实质性进展。1998年，二期工程立项工作迎来重大转机。3月23日，时任北京图书馆馆长任继愈先生给新当选的国务院总理朱镕基写信，表达了科教兴国是政府当前的最大任务，二期工程的兴建必将促进科教兴国方针的贯彻落实。国务院副总理李岚清根据朱总理批示，请文化部与国家计划委员会研究。10月2日，李岚清到北京图书馆视察工作。在谈到二期工程建设时，他提出应结合数字图书馆来开展项目研究。此后，他多次关心二期工程的建设并做出具体指导。12月12日，经中央批准，北京图书馆更名为中国国家图书馆[①]。12月22日，中共中央总书记江泽民同志视察国家图书馆，他对二期工程建设问题表示深切关注。这一系列重要事件，为国家图书馆各项事业的发展奠定了坚实的基础，二期工程立项工作也随之快

① 李致忠.中国国家图书馆馆史（1909—2009）[M].北京：国家图书馆出版社，2009：324.

速推进。1999年，在李岚清等中央领导的直接关心下，规模近3万平方米的员工住宅楼项目获准单独立项，并利用一部分二期工程建设用地先行建设①，长期困扰国家图书馆员工队伍稳定的问题得到缓解。在此基础上，国家图书馆于当年9月向文化部上报了《国家图书馆关于新馆二期工程暨国家数字图书馆基础建设立项的请示》。立项报告专注图书馆核心业务，重点建设书库、数字图书馆国家中心以及多功能读者服务区，建设规模约7万平方米。2001年11月，经报请国务院同意，国家发展计划委员会批准项目立项。批复的建设规模为7.24万平方米，投资114200万元。主要建设内容有3万平方米的书库（可藏书1200万册，满足未来30年的藏书需要），2万平方米的阅览室，1.5万平方米的数字图书馆以及0.74万平方米的附属设施。

立项工作完成后，国家图书馆聘请中元国际工程研究院编制项目可行性研究报告，对该项目做进一步论证。2003年1月，国家发展计划委员会经报请国务院同意，批准了项目可行性研究报告。批复的建设规模为77687平方米，投资为123500万元，并提出了国内一流和国际先进水平的建设目标。

二、全球招标遴选设计方案

项目可行性研究报告批复后，国家图书馆启动了二期工程设计招标工作。依据批复的项目可行性研究报告以及项目建设规划条件，国家图书馆编制完成了设计任务书。任务书要求新建筑规划建设高度不超过45米，书库可藏书1200万册，共设7个阅览室，提供2900个阅览座位，同时还要建设数字图书馆、业务采编加工、《四库全书》②存储和展示、学术交流、读者餐厅、车库

① 位于场地西侧，占地8000平方米。

② 《四库全书》是清代乾隆时期编修的大型丛书。全书在乾隆皇帝的主持下，由纪昀等360多位高官、学者编撰，3800多人抄写，耗时十余年编成。分经、史、子、集四部，故名“四库”。国家图书馆藏《四库全书》为承德文津阁藏本，它保存完整，为原书、原函、原架是其特点。

等空间。任务书要求新建筑应与其南侧的一期工程“和而不同”，能充分展现21世纪中国文化设施的新风范。

2003年4月2日，国家图书馆面向全球公开招标遴选设计方案。截至4月18日，共有39家中外设计单位（包括联合体）有意愿参加角逐。其中国内独立申请人7家，国外独立申请人21家，联合体11家。通过建筑、规划专家以及业主代表组成的7人评审委员会对潜在投标人资格的综合评审，共有10家设计单位或设计联合体获得参赛资格。它们分别是中国建筑设计研究院、德国KSP恩格尔与齐默尔曼建筑设计有限公司与华东建筑设计研究院有限公司设计联合体、美国RTKL国际有限公司与北京市建筑设计研究院设计联合体、日本株式会社AXS佐藤综合计画与清华大学建筑设计研究院设计联合体、德国ABB建筑师事务所与中科建筑设计研究院有限责任公司设计联合体、美国SOM设计公司、英国泰瑞法瑞设计公司、美国Perkins & Will建筑师事务所与中元国际工程设计研究院设计联合体、丹麦Akitekterne M. AA. Schmidt，Hammer & Lassen K/S建筑师公司、德国GMP公司与上海建筑设计研究院有限公司设计联合体。而刚刚获得中央电视台新台址项目的OMA大都会建筑事务所、因设计法国国家图书馆一举成名的Dominique Perrault Architecture以及由著名建筑大师斯蒂文·霍尔（Steven Holl）领衔的设计团队都未能入围。

受“非典”疫情影响，原定于2003年7月14日举行的设计评标活动往后推迟了一个月。8月14日，9家投标人[①]递交了设计方案（含模型）以及商务文件。招标文件明确规定设计费投标报价不应超过本项目建设安装工程费的5%[②]，因此，评标工作的重点主要放在设计方案遴选上。8月15日—

① 美国SOM设计公司中途退出。

② 境内单独投标人投标报价不应超过建设安装工程费的3%。

16日由关肇邺等九位建筑、规划、图书馆界专家组成的评审委员会[1]，经过现场踏勘、听取投标人陈述并提出质询、充分讨论和研究，通过两轮不记名投票，确定5号方案、4号方案、1号方案为中标候选方案。其中，5号方案由德国KSP恩格尔与齐默尔曼建筑设计有限公司与华东建筑设计研究院有限公司设计联合体设计，获得8票；4号方案由美国RTKL国际有限公司与北京市建筑设计研究院设计联合体设计，获得6票；1号方案由中国建筑设计研究院设计，获得5票。专家评审委员会认为5号方案体型简洁，建筑高度较低，在国家图书馆这个群体建筑中体量较为适宜；立面的分段处理在比例尺度上也比较合适；具有一个标志性的中庭，视觉效果很好；且将《四库全书》置于中心位置，具有很强的象征意义。有评委认为该方案采用了开敞的阅览室，这代表了21世纪图书馆的发展趋势。评委中的业主代表认为该方案与一期工程建筑反差太大，是唯一一位没有给该方案投票的评委。大部分评委认为4号方案具有中国文化内涵，色彩寓意“青出于蓝”，与老馆和周边环境的关系处理得比较好，若体量小些会更好；数字图书馆部分放在顶层，不利于读者普及使用，建议调整到底层或与一般阅览相融合，这更符合图书馆未来发展趋势；个别评委还提出该方案的入口广场尽端缺乏吸引力和导向性，没有实用价值，应改进。1号方案的设计单位曾经承担了国家图书馆一期工程的设计，近80岁高龄的翟宗璠先生作为当年的项目设计负责人，亲自参加评标会并做了方案陈述。评审委员会认为方案采用书架外形具有较好的象征意义，但建筑尺度过大，在体量上与一期建筑不协调。

评审工作结束后，国家图书馆在一期馆舍举办了二期工程建筑设计方案展

---

① 评审委员会主任由中国工程院院士关肇邺担任；成员有中国科学院、中国工程院双院院士周干峙、中国工程院院士张锦秋、国际知名建筑大师隈研吾、美国SOM建筑事务所设计总裁克莱格·哈特曼（Craig Hartman）、首都规划委员会副主任黄艳、中国建筑学会秘书长周畅、国家图书馆副馆长张彦博、上海图书馆馆长吴建中。

图 6-1 德国 KSP 恩格尔和齐默尔曼建筑设计有限公司与华东建筑设计研究院有限公司设计联合体方案（国家图书馆基建档案）

览，向广大读者征求意见。在此期间，国家图书馆还邀请中国工程院土木、水利与建筑工程学部的近 50 位院士前来参观。国务委员陈至立也来馆听取了有关工作汇报并认真观看了设计方案展览，她对按照法定程序组织的设计招标活动以及经专家委员会评审的评选结果表示充分尊重。国家图书馆最终依据专家评审委员会的评审结果，参考各方面的意见并报主管部门同意，确定 5 号方案中标。此后，经过方案优化、明确联合体内部分工以及合同谈判等一系列工作，国家图书馆于 10 月 31 日在北京同德国 KSP 恩格尔与齐默尔曼建筑设计有限公司、华东建筑设计研究院有限公司组成的设计联合体共同签署了三方设计合同。

图 6-2　美国 RTKL 国际有限公司与北京市建筑设计研究院设计联合体方案（国家图书馆基建档案）

图 6-3　中国建筑设计研究院方案（国家图书馆基建档案）

图 6-4　德国 ABB 建筑师事务所与中科建筑设计研究院有限责任公司设计联合体方案（国家图书馆基建档案）

图 6-5　美国 Perkins & Will 建筑师事务所与中元国际工程设计研究院设计联合体方案（国家图书馆基建档案）

图 6-6　英国泰瑞法瑞设计公司方案（国家图书馆基建档案）

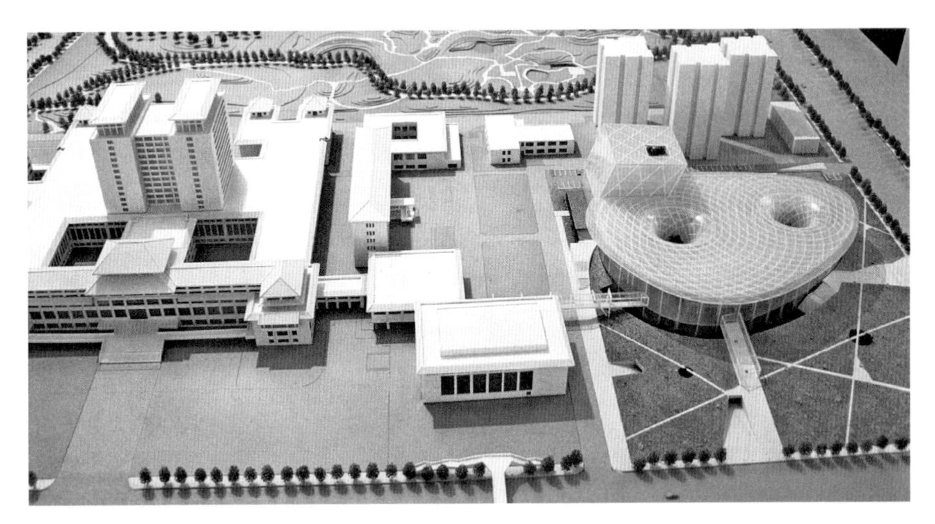

图 6-7　日本株式会社 AXS 佐藤综合计画与清华大学建筑设计研究院设计联合体方案

图 6-8　丹麦 Akitekterne M. AA. Schmidt，Hammer & Lassen K/S 建筑师公司方案

图 6-9　德国 GMP 公司与上海建筑设计研究院有限公司设计联合体方案

图 6-10　国家图书馆二期工程设计方案专家评审会（国家图书馆基建档案）

图 6-11　任继愈馆长欢迎中国工程院土木、水利与建筑工程学部院士观看展览（国家图书馆基建档案）

中标方案共分 8 层，地下 3 层，地上 5 层。地下部分为业务功能区：地下二、三层为密集书库；地下一层西、南、北三侧为业务采编加工用房，室外开凿出的浅水池可为其提供自然采光和通风的通道；东侧的黑房间则是数字图书馆的核心机房。员工和图书可从建筑西侧的入口或者与一期馆舍相连的地下通道进入。地上部分为读者服务区：一、二层西部，三层的全部以及地下一层中部共同组成了一个逐层放大，且为内外层结构的阅览室。内层的阅览中庭紧邻一个白色的“宝盒”，“宝盒”分为上下两层，与阅览中庭用通高的玻璃隔开，在中庭阅读的每位读者都可欣赏到“宝盒”内国家图书馆的珍藏——《四库全书》。如果读者看书看累了，可以走到位于三层的室外平台休息，眺望包括一期建筑在内的城市景观，还可欣赏到悬浮屋顶底面倒映水池的波纹光影。学术交流、OPAC 检索、读者餐厅等相对热闹的交流空间设在一、二层东部，除可从东门进入外，还设置了独立的出入口，以便全天候使用。四、五层是一个巨大的环形跃层式阅览室。为丰富空间层次，该阅览室在东西两侧设有可以眺望楼下阅览中庭的休憩长廊，南北两侧还散布着几个竖向天井，连接着三层和屋顶。目前，该空间被分割成三个阅览室，跃层部分也暂未对读者开放。但只要有需要，阅览室能十分便捷地恢复到原有的空间形态。从读者的角度来看，二期工程是一个极其自由、开放的建筑。为了适应这座开放性建筑，国家图书馆特意推出了一系列新的服务措施，比如：进入图书馆不再需要办证，查阅图书可采用架位精准导航，可通过醒目的服务岛寻求帮助，常规服务可就近使用自助复印、借还书等专用设备，等等。而与二期工程同步建设的国家数字图书馆工程，还将为广大读者群体搭建起更为自由且不受时空限制的数字阅读平台。

与内部的图书馆功能布局相比，二期馆舍的外部形象如何做到与南侧的一期馆舍相协调则更具挑战性。德国 KSP 恩格尔与齐默尔曼建筑设计有限公司驻现场代表廖昕提到，项目建筑师约尔根·恩格尔（Jürgen Engel）对北京天坛及其所呈现的中国古典公共建筑的经典三段式构造（即台基、柱子、屋顶），一直表现出浓厚的兴趣[①]。一期馆舍建筑群也采用了三段式结构，并在此基础上配以现代化改良后的平直汉阙形式屋顶以及围合的幽静庭院环境，反映出那个时代的建筑思潮和公共文化建筑特征。二期馆舍被抬升起的基座和台阶、巨大的异形支柱、水平伸展的巨构屋顶虽极具现代技术带来的视觉震撼，但也能让人清晰地感受到它与中国传统建筑的三段式结构存在某种关联。而新建筑的高度仅有 27 米，与一期馆舍裙房的高度基本一致，设计中的东入口大台阶直达二层、与城市街道边界的退让关系等细部做法都与一期馆舍高度契合，这无不体现了建筑师希望新图书馆以尊重的姿态呈现在老图书馆身旁的设计构想。而室外景观采用的整齐树阵和绿地、三面环绕建筑的浅水池，完全是西方园林的设计语言，这与一期馆舍设计中所采用的中国传统园林的表现方式形成了强烈的反差。这是一名外国建筑师对国家图书馆提出的新建筑与老建筑应"和而不同"的设计要求的回应，也是其对于中国传统文化的理解和表达。在图书馆员和读者眼里，建筑中最为人称道的部分还是室内阅览中庭的设计。它打破了设计任务书中要求的不同阅览室应独立设置的限制，将地下一层到屋顶的逐层退台阅览空间与镇馆之宝《四库全书》的仓储式陈列库房共享，形成了自由、便捷、优雅且极具体验趣味的诗意空间。超大空间的设计理念虽有些超前，但也代表了国际视野下未来图书馆建筑设计的发展方向，为创造性地发挥图书馆空间价值提供了无限的可能。

三、自有土地房屋拆迁

作为自有建设用地，二期工程的拆迁工作本应相对简单。但由于历史原因，国家图书馆在二期工程建设用地内陆续建设了近 20000 平方米的临时建筑，兼具办公、幼儿园、餐饮等多重功用，其中约 15000 平方米的用

① 廖昕.国家图书馆二期工程暨国家数字图书馆工程[J].建筑学报，2008(10)：28-35.

房情况较为复杂。20世纪80年代末，我国兴起了一股“全民经商”的热潮，企事业单位纷纷开办“三产”。国家图书馆也根据当时国家对文化事业单位开展经营服务以及北京市新技术产业开发试验区的相关政策，注册成立了北京图书馆新技术公司。该公司采用集资建房的方式与中关村的41家企业达成协议，筹资2300万元在二期工程预留地内建设了一栋大楼，命名为科贸中心，建筑面积15313平方米。作为交换条件，这些参与集资的企业可以获得入驻科贸中心的资格，并享有15年免租金使用的权利。入驻企业中不乏联想、四通等知名公司。科贸中心于1991年5月11日正式对外营业。

图6-12 图书馆在二期工程建设场地开办的幼儿园（国家图书馆档案室 藏）

确定设计单位后，拆迁工作随即展开。因涉及大量租期未到企业的搬迁，相关谈判工作开展得十分艰难。为保证二期工程整体进度不受影响，国家图书馆做出了相应补偿。截至 2004 年 5 月 11 日[①]，45 家单位全部搬离。5 月底，科贸中心的拆除工作全部完成。

图 6-13　二期工程建设场地内的科贸中心（国家图书馆档案室　藏）

四、办理开工前的各项行政审批手续

设计合同签订后，国家图书馆开始办理项目开工前的各类行政审批手续。在这项工作中，国家图书馆遇到了一连串的困难。首先是 2003 年 12 月，二期工程设计方案报北京市规划委员会审批。两个月后，审批工作仍无进展。经多方打听后得知，造成这一局面的主要原因有两方面：一是设计方案与规划中的地铁 9 号线线路存在冲突，调整地铁线路方案需经北京市人民政府批准；二

① 比合同约定的租期提前了两年时间。

是地铁问题解决后，北京市规划委员会需要组织专家对项目方案进行再次审核，具体时间难以确定。2004 年 2 月，任继愈馆长亲自出面请时任北京市市长王岐山过问此事并督促相关工作进展。在上级领导的关心下，设计方案审批工作快速推进。接着，在消防设计审核环节，因阅览中庭面积超过 4000 平方米，不满足消防设计规范要求，审批工作再次受阻。其实，早在设计方案评审阶段，就有专家提出了这个问题，但考虑到阅览中庭是该方案的一大亮点，评审委员会还是希望通过深化设计找到解决问题的办法。设计团队为此与北京市消防局的技术专家进行了多次沟通，最终决定进行消防性能化设计，对阅览中庭发生火灾时的各类工况进行模拟演算，并据此提出有针对性的防火策略。中国建筑科学研究院建筑防火研究所等专业团队经过研究和复核，得出了阅览中庭在采取一系列防火措施后，可以控制空间的火灾蔓延并保证人员安全疏散的结论。北京市消防局最终同意了本工程的消防设计方案，阅览中庭的设计构思具备了实现的条件。此后，在申领工程规划许可证时，又遇到两个麻烦：一是项目西侧有一户居民因二期工程建设项目的遮挡，大寒日的日照时间无法达到国家标准；二是项目规划绿地面积应为 5082 平方米，然而实际绿地面积仅有 2464 平方米，尚差 2618 平方米，北京市园林局要求调整方案，这将严重影响建筑的整体效果。国家图书馆为此与北京市有关部门进行了多次协商，最终达成共识：国家图书馆与日照时间不达标的居民签署搬迁及补偿协议；绿化面积问题不足按照《北京市绿化补偿费缴纳办法》相关规定执行。

2004 年 7 月底，国家图书馆二期工程初步设计及概算文件编制完成。受国家发展和改革委员会委托，国家投资项目评审中心负责相关审核工作。此时距北京 2008 年奥运会仅 4 年时间，我国建筑市场正值新一轮的建设高峰期。为防范工程技术风险，确保大型公共建筑的质量安全，国家对在建以及待建的大型公共建筑工程的安全性加大了监督力度。考虑到本项目四、五层钢结构技术复杂，评审中心决定组织专家对工程结构设计内容进行专项审查。由国家勘察设计大师汪大绥主持完成的结构方案在经过多轮专项审查后获得通过。参加二期工程结构设计评审的专家一致认为，二期工程结构设计十分合理，完全可行。2004 年 11 月，国家发展和改革委员会正式批准了国家图书馆二期工程土建部分的初步设计方案及概算。核定项目总建筑面积为 79899 平方米，总投资 73222 万元，所需资金全部由国家发展和改革委员会按工程进度分年专项安排，数字图书馆工程则另报初步设计文件核准。

图 6-14　国家图书馆二期工程结构方案专家论证会（国家图书馆基建档案）

五、施工

初步设计及概算审批完成后，国家图书馆二期工程开工前的各项准备工作已基本就绪。2004 年 12 月 28 日，国家图书馆二期工程暨国家数字图书馆工程奠基仪式隆重举行。国务委员陈至立等国家领导人，工程设计、监理、在京的图书馆界代表以及国家图书馆在职员工共计 800 多人出席了奠基仪式。在此之前，国家图书馆二期工程施工总承包招标工作也已完成，中铁建工集团有限责任公司被确定为施工总承包单位。2005 年 2 月 3 日，工程全面开工建设。根据施工组织方案，工程分两个阶段开展：第一阶段先进行主体工程西侧地下车库结构的施工，同时开展主体工程钢结构的深化设计、加工订货工作；第二阶段进行主体工程的施工。

施工过程中，参建各方面临重重考验，在诸多技术难题中，以主体工程钢结构的施工以及保证建筑的完成度难度最大。此次工程使用的巨型钢桁架结构整体体量为 116 米 ×106 米 ×9 米，重量超过万吨。而结构的单根杆件自重大，节点构造复杂，焊接工艺要求高。为规避高空拼装难以保证施工质量的风险，经过多方案比选，决定采用逆作法施工，即先施工临时支撑桩及拼装平台，再进行钢结构地面整体拼装，接着开始土方开挖以及施工地下结构和地上 6 个钢筋砼核心筒体结构，然后进行钢结构整体提升就位，最后施工地上部分的结构。钢结构施工贯穿施工组织全过程，关系到项目的整体推进，施工总承包方认真准备，将有关工作分解成钢材订货、钢结构深化设计、杆件工厂加工、现场拼装、整体提升就位五个工序，逐项落实。然而，每个环节都遇到了一些困难。先是受国内钢材市场供应紧张的影响，许多钢厂都优先向军工、奥运工程供货，而本项目所使用的钢板只有极少数钢厂能够生产，无法排上货源。虽然有些代理商表示能够按时向本工程提供货源，但因报价较高且不能提供钢厂的有关证明，国家图书馆不敢冒此风险，便向文化部做了专题汇报。周和平副部长了解到邯钢集团舞阳钢铁有限责任公司可以生产本工程所需的钢材后，立即与河北省人民政府以及邯郸市联系请求协助。詹福瑞馆长赶往邯郸拜访了邯郸市委领导。在邯郸市委、市政府的关心帮助下，舞阳钢铁有限责任公司同意承接本工程 40 毫米以上厚，带 Z 向性能要求的近 8000 吨钢材的生产任务。接着是确定钢结构工厂加工以及现场拼装的分包单位。由于生产工艺复杂，国内只有少数几家公司有能力承接本项目，而这些厂家的生产任务都十分饱满。经过综合比较，这项工作最终交给浙江精工钢结构有限公司完成。该公司同时还承担了国家体育场、上海环球金融中心的生产任务，由于每个项目都在赶工期，工厂一直处于超负荷运转状态，难以及时向施工现场提供急需拼装的杆件。为此，国家图书馆特别向浙江精工钢结构有限公司派出驻场代表，紧盯生产质量和进度。与此同时，由上海华东设计研究院、同济大学等单位联合组成的钢结构深化以及整体提升方案设计团队也在紧张工作。他们既要充分考虑钢结构施工过程中各种可能发生的工况及其工况组合，又要根据杆件刚度的差异，合理布置提升吊点，尽量做到与设计的原支撑位置吻合，以免钢桁架杆件受力情况发生变化；还要想办法保证各吊点的实际负载与设计值基本一致，以此确保钢结构整体提升和下降的步骤高度统一。由于技术比较复杂，还出现过关键杆件的深化加工图纸迟迟不能提供给加工厂的情况。此外，本工程焊接工程量大，大部分是有特殊要求的超厚钢板的焊接，且全部采用全熔透Ⅰ级焊缝，施工难度较大。为保证现场拼装时的焊接质量，承包方制定了详细的施工规程：焊工需持证上岗，上岗前根据本工程的特点开展有针对性的技术培训，经考试合格后才能上岗作业；建立焊接质量保证体系，明确焊接工艺、岗位职责，细化冬季焊接方案，加强质量检查。经统计，本工程焊缝长度达 3500 米，使用焊材近 150 吨，焊缝一次合格率 97%，最终合格率 100%。2006 年 10 月初，钢结构现场拼装全部完成，总重量达 10388 吨，提升前的各项准备工作也全部就绪。10 月 11 日，提升工作正式开始，经过试提升（提升 300 毫米，下降 150 毫米）、短时悬停（采集数据、校验提升方案、检查各部位运行工况）、正式提升（提升高度 15.65 米）、长时间悬停（约 60 天，进行地上 3 层钢筋砼结构施工）、整体下降（600 毫米）、部分卸载、最终卸载等过程，12 月 30 日，钢结构提升工作全部完成。经过测量，钢结构水平位移在 3 毫米范围内，结构标高误差小于 10 毫米。这标志着提升工作达到了预期目标，取得了成功，同时这一工程也创造了工程建设领域提升重量和体量的新纪录。

与钢结构整体提升相比，保证建筑设计的完成度则体现在日常施工的方方面面。材料质感、颜色、形式的偏差，各专业图纸间不交圈，施工做法不明

图 6-15　绑扎建筑底板钢筋
（国家图书馆基建档案）

图 6-16　钢结构提升
（国家图书馆基建档案）

确，人为疏忽或者监管不到位，技术和造价的限制等原因都有可能导致建筑设计完成度大打折扣。为确保建筑品质，建设单位充分发挥设计团队的作用，要求未经设计认可的建筑材料、施工做法不得在工程中使用，更不得作为结算依据。来自外方的驻场设计代表十分严格和认真，每周都会向业主提交现场工作报告，指出存在的问题以及改进的建议。在参建各方共同努力下，新建筑达到了很高的施工水准。

施工期间，文化部领导十分关心工程建设。周和平副部长多次到工地检查工作并解决相关问题。2006 年 4 月 28 日，在钢结构工程进展的关键时刻，孙家正部长一行到工地视察，听取工程进展情况汇报，并慰问了建设者。他指出，我国正在努力建设学习型社会，图书馆具有丰富的资源，要成为全民终身学习的终身学校。他强调建设好图书馆，对于推动学习型社会，提高全民素质，建设和谐社会具有重要意义。他勉励全体建设者要不辱使命，把这项惠及全民的重大文化工程建设好。经过三年多的紧张施工，2008 年 9 月初，项目全面竣工。国家图书馆二期工程暨国家数字图书馆工程获得 2009 年度中国建设工程鲁班奖（国家优质工程）、北京当代十大建筑等诸多荣誉。2008 年 9 月 9 日，在国家图书馆建馆 99 周年纪念日，国家图书馆白石桥二期馆舍正式对读者开放。时任中央政治局委员、国务委员刘延东参加了开馆仪式并参观了新馆。2009 年 4 月 23 日，时任国务院总理温家宝在世界读书日来新馆参观并与读者进行了交流。

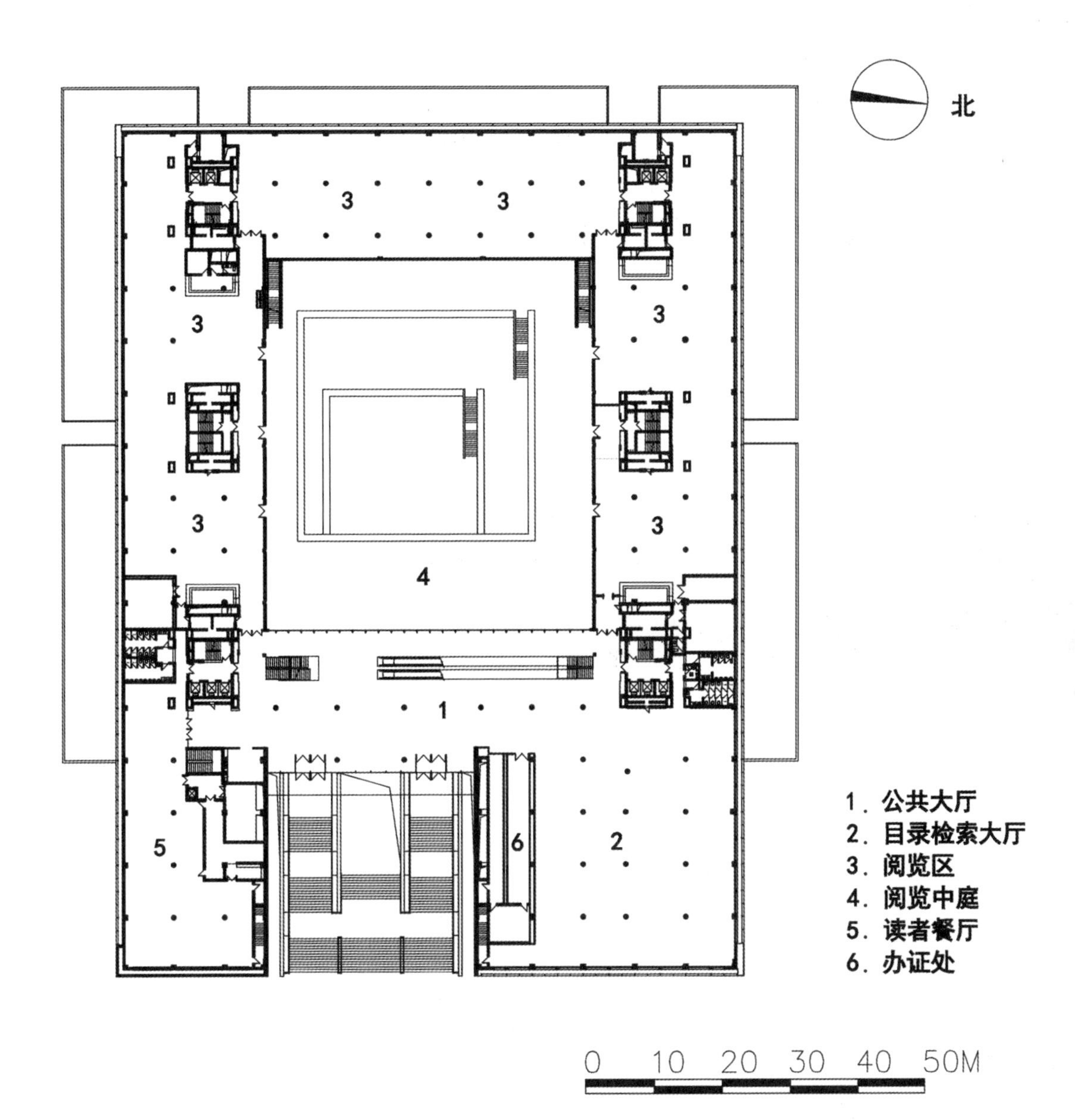

图 6-17　国家图书馆二期馆舍二层平面图（国家图书馆档案室　藏）

图 6-18　国家图书馆二期新馆阅览中庭（国家图书馆档案室　藏）

图 6-19　国家图书馆二期新馆四库全书库房（国家图书馆档案室　藏）

图 6-20　国家图书馆二期新馆夜景（国家图书馆档案室　藏）

六、国家数字图书馆工程建设

与二期工程同步建设的国家数字图书馆建设项目也是一项开创性的工作，该工程总投资为 49070 万元，以“边建设、边服务”为原则有序推进。2005 年 10 月，国家发展改革委员会批复了国家数字图书馆工程初步设计方案，明确这一工程的建设目标为：有重点地采集、建设和保存中文数字资源，建设世界上最大的中文数字信息保存基地；构建支持数字资源采集、加工、保存、服务的技术支撑平台；利用先进的技术和传播手段，通过国家骨干通讯网，向全国和全球提供高质量的以中文数字信息为主的服务，建设世界上最大的中文数字信息服务基地；构建以国家图书馆为服务中心，以国内各大图书馆为服务节点的数字资源传递和服务体系，为其他行业性、地区性数字图书馆系统提供服务支撑；充分利用国家数字图书馆工程的软硬件设备，为全国文化信息资源共享工程提供技术支撑平台。

按照初设目标，国家数字图书馆工程分为 96 个子项目实施。截至 2018 年，该工程项目已经全部建设完毕并上线服务。国家数字图书馆工程完成了信息化基础设施建设，规范了行业标准，初步实现了数字图书馆业务全流程管理，形成了数字图书馆服务体系，各项指标也已达到国家数字图书馆工程初设中的指标规定。通过国家数字图书馆工程的建设，国家图书馆的业务管理已进入数字化、网络化运行模式；通过多样化、专业化的服务系统形成了全方位的服务体系，扩展了传统图书馆的功能，打破了传统服务的局限性，并使国家图书馆能够通过互联网、手机、数字电视等多种渠道提供远程服务，从战略上推动国家图书馆从传统图书馆到新型图书馆的转型，使国家图书馆成为我国社会知识传播与信息服务的中枢。2020 年，国家数字图书馆工程通过了国家验收。

七、项目评价

国家图书馆二期工程暨国家数字图书馆工程是我国“十五”期间的重大文化建设项目，也是国家图书馆事业发展进程中的一件大事。它的建成并投入使用不仅改善了国家图书馆的办馆条件，也为推进图书馆事业现代化、国际化进程乃至带动全国图书馆事业发展起到了极为重要的作用。自开馆运行之日起，二期馆舍全年365天不间断运行[①]，日均接待到馆读者近8000人次。新建筑舒适便捷的软硬件环境、“以人为本”的服务理念，不仅赢得了到馆读者的喜爱，更多的非到馆读者也得益于本项目数字图书馆的建设，可以通过网络方便获取国家图书馆优质的数字资源。可以说，该建筑在新的历史时期，以更加开放的姿态满足了广大人民群众精神文化的需求，成为提高全民文化素养的终身学堂。用于该项文化工程建设的国家投资取得了极大的社会效益[②]。

回顾二期工程组织实施的全过程，还有许多不足之处，主要体现在以下两方面：一是在设计招标环节，应提前做好调研工作并制定相应的对策，让优秀的建筑师都能有机会参与设计方案的角逐。二是建筑室内空间超高、部分建筑材料规格超大、建筑外立面向外倾斜等问题都给图书馆建筑的日常维护工作造成了一定影响，建设过程中应就此提出更加简便易行的解决方案。21世纪初，伴随着中央和地方政府对公共文化基础设施投入的不断增加，我国的图书馆事业经历了新一轮的馆舍建设高潮，受新建成的国家图书馆二期馆舍的影响，大开间、全开放的空间格局也成为这一轮图书馆建设的主要特征。

---

① 2020年起，将到馆读者相对较少的周一的开馆服务调整为闭馆休整。

② 国家图书馆二期工程暨国家数字图书馆工程初步设计概算为122292万元，竣工决算为117601万元，结余4691万元。

功能更新
常态改造

从1973年周总理做出批示算起，到2008年二期馆舍落成开馆，国家图书馆白石桥馆区的建设共花费了35年时间，前后两代基建工作者为之付出了巨大的努力。它的投入使用对国家图书馆事业发展具有极为重要的意义。除了这类大型馆舍建设项目，基建工作者在日常工作中更常遇到馆舍空间功能的局部更新之类的小体量建设项目。这类项目投资虽然不大、建设周期也不长，但能在较短时间内满足图书馆的使用需要。2006年开始，这类项目成为国家图书馆的基建常态化任务。其中，文津街馆舍以美化庭院环境为目标，如院墙周边的砖瓦房被改建成带长廊的仿古平房；院落东北角结合地形新建了一座精致的、可观景的仿古三合院落；与北海公园相邻的东院墙和东平房被拆除，改为通透栅栏和绿地，实现了与北海公园的相互借景；等等。白石桥馆区则以功能优化调整为主线，如将冷冻站房、锅炉站房升级改造，提高馆区的运行保障能力；将二期馆舍读者餐厅调整为少儿图书馆，满足了图书馆事业发展的新需求，等等。这类小体量的功能更新项目特点鲜明、目标明确，有些还具有较大的发挥空间，且充满着改造趣味。以下结合笔者的工作实践，从两个馆区中各举一例进行介绍。

一、文津雕版博物馆

雕版印刷是我国的一项传统技艺，它发端于唐朝、兴盛于两宋、逐渐式微于民国。我国浩如烟海的古代典籍能够流传至今，雕版印刷技艺功不可没。然而与数量可观的古籍相比，作为典籍母本的雕版却万不存一，弥足珍贵。2009年，为向公众展示传统雕版印刷技艺，国家图书馆与民间雕版藏家姜寻展开合作，由国家图书馆提供场地，对方提供资源和服务，在文津街馆舍共同打造一座小型的雕版博物馆。文津街馆舍以收藏古籍闻名，将雕版博物馆建设地点选在这里十分合适。然而受条件限制，雕版博物馆只能利用一处废弃的食堂后厨作为办馆场地，这给建设工作造成了不小的难度。

1. 博物馆外部形象

这一工程面临的最大难题是博物馆所处位置较为偏僻，它位于文津街馆区的最北端，建筑被相邻的冷冻站房完全遮挡，冷冻站房外墙还有不少难以拆改的空调管线，且在必经的南北向道路上，完全看不到博物馆朝东的主入口。这些因素都不利于引导公众参观以及博物馆外部形象的打造。为此，兼任设计师的姜寻以问题为导向，提出了应对之策。首先，博物馆采用仿古面砖饰面，使之与文津街馆舍的整体建筑风格相协调。其次，将其南侧的冷冻站房也纳入改造范畴一并考虑，博物馆的屋面挂瓦延伸到冷冻站房区域，标识牌也南移到冷冻站房外墙，并结合外露空调管线的包封进行一体化设计。最后，让博物馆主入口略突出于建筑主立面，并使用木柱、木门、木额匾、清水墙等室内元素进行装饰，还在博物馆大门口添置了一对石狮。经过这一系列措施，达到了强化博物馆外部整体形象、提高博物馆主入口辨识度的目的。

2. 室内空间设计

与外部环境一样，博物馆原有室内空间的基础条件同样较差。一是 350 平方米的建筑体量对于博物馆展陈来说略显局促；二是从食堂后厨到博物馆，功能跨度太大，拆改工作量不小；三是改造经费只有 100 万元，且必须在 5 个月内完成设计和施工，经费和工期都相当紧张。在诸多限制条件下，只能充分利用现有条件，力求通过简约的设计，彰显博物馆藏品“雕版”的古朴和自然之美。

改造前的建筑虽破败不堪，但结构体系相对完好，且空间高低错落，层次分明。设计师结合现场条件，将博物馆分为前厅，东、西展区以及内部工作区四部分。其中，入口前厅兼作博物馆序厅，主题鲜明地传达“雕版”“木作”“中国”等与博物馆内容密切相关的信息。但究竟应该怎样呈现，姜寻迟迟拿不定主意。笔者提议将文津街馆区院内一对废弃但十分精美的汉白玉抱鼓石墩[①]利用起来设计成影壁墙，得到了姜寻的积极回应。于是，抱鼓石礅被移到序厅，在它上面架起了木质框架，框架内镶嵌了一块高 1.8 米、宽 1.3 米的

① 民国时期，该石墩被遗弃在景山大街东口外马路，后经北平市公安局同意赠送给了北平图书馆。

图 7-1　雕版博物馆改造前外立面

图 7-2　雕版博物馆改造前室内空间

巨型雕版，雕版上方用“文明倒影”四个巨大的木活字紧扣博物馆主题。东线展厅的空间呈“ㄱ”形，它开间较小、进深较长，布置了沿墙展柜；西线展厅空间高大、体型方正，且设有高窗，以独立展柜为主，并在西墙设置了一道面宽 8 米、高 5.4 米的巨型展墙构成博物馆的“硬核”展示空间。为了体现雕版“木作”“黑色”的本质特性，展厅内的展墙和展柜都由实木制作而成，间以黑色铁艺点缀。室内装修极为朴素，顶棚和墙面均采用白色涂料饰面，空间的梁柱结构体系以及地面保留了混凝土和水泥砂浆的本色，不做刻意处理。原先厨房的排水沟也成为博物馆供暖系统的路由，既节约了改造经费，又没有浪费用于展陈的墙体空间。从经费的使用情况看，项目的装修费用占比很小，大部分经费都用于博物馆安防、消防、空调系统的改造以及展陈设备的采购，这对于保证藏品安全以及改善雕版的存藏条件是极为重要的。

2009 年 9 月，雕版博物馆全面竣工并对读者开放。到访者都难以相信这个幽静、雅致的小博物馆是从食堂后厨蜕变而来的。历经九十年风雨的文津街馆舍也因雕版博物馆的存在而多了一分文化的积淀。[1]

---

① 雕版博物馆现已关闭，原馆舍现为国家图书馆出版社展示室。

图 7-3 雕版博物馆入口

图 7-4 雕版博物馆前厅

图 7-5 雕版博物馆东线展厅

图 7-6 雕版博物馆西线展厅 1（姜寻 提供）

图 7-7　雕版博物馆西线展厅 2（姜寻　提供）

二、图书馆主题酒店

与雕版博物馆改造项目相仿，国家图书馆白石桥馆区西北角一栋小体量建筑的改造同样有趣。该建筑地下一层、地上五层，为砖混结构，建筑面积约 4100 平方米，与一期馆舍同期建成，先后作为单身青年宿舍以及招待所使用。2011 年，为提升招待所整体品质，国家图书馆以一期馆舍整体改造为契机，对招待所进行了一次系统性升级改造。根据要求，设计单位在改造中加建了接待前厅、客梯，并在不到20平方米的客房内配置了卫生间，建筑风格也与相邻的二期馆舍保持协调。国家图书馆对相关调整较为满意，但对洗脸台放在客房进门过道处的做法提出了不同意见。这虽然是为了缩小卫生间面积而采取的必要措施，但国家图书馆还是希望客房布局能采用传统方式。

用什么办法来弥补酒店规模小、客房面积小、配套设施也不完备的先天不足呢？某天晚上，风靡欧洲的博物馆之夜活动激发了笔者的灵感，图书馆的酒店何不充分发挥图书馆的资源优势，打造一个以图书馆为主题的文化体验空间！翌日，笔者与设计师、部门领导进行了沟通，这一设想得到了大家的认同。进一步扩大讨论范围后，也听到了不少反对的声音。但最终在主管领导的支持下，图书馆主题酒店从设计概念走向了实际操作。酒店入口门厅背景墙仿照图书馆目录检索柜制作，旅客可以把入住酒店的感受记录下来并存放在目录柜内。久而久之，这里将会成为收藏酒店记忆的“宝盒”。接待前厅结合加建的客用电梯设置了一组三面围合的二十四史柜，柜内用于陈列国家图书馆的文创产品以及文津图书奖获奖图书。客用电梯的轿厢内选取了历代知名藏书家的藏书印进行装饰点缀。公共走廊则结合从客房卫生间移出来的管道井设计了展墙和书架。一至五层的展墙以公共走廊为参观流线，构成了一个以书籍展示为主题内容的展示平台，首期内容以国家图书馆馆藏《耕织图》（康熙三十五年御制版本）为主题。书架上的图书按照楼层分类排列，酒店住客可随意取阅，并可根据个人爱好挑选就近的客房入住。住客在酒店内也可通过网络查阅国家图书馆丰富的数字资源。除此之外，客房内的家具也仿照了图书馆阅览桌椅的式样，老照片、老地图、古籍善本等图书馆特色馆藏被制作成高仿品用于室内软装。如果客人喜欢，还可以购买并带回家。

2012年9月，图书馆主题酒店改造完成并正式对外开放。运行十余年来，它得到了住客，特别是图书馆同行的喜爱。我们期待这处以新型阅读体验空间为特色的酒店能运转得越来越好，也期待未来能有更多的以阅读为主题的特色酒店。

图 7-8　国图招待所改造后北立面效果图

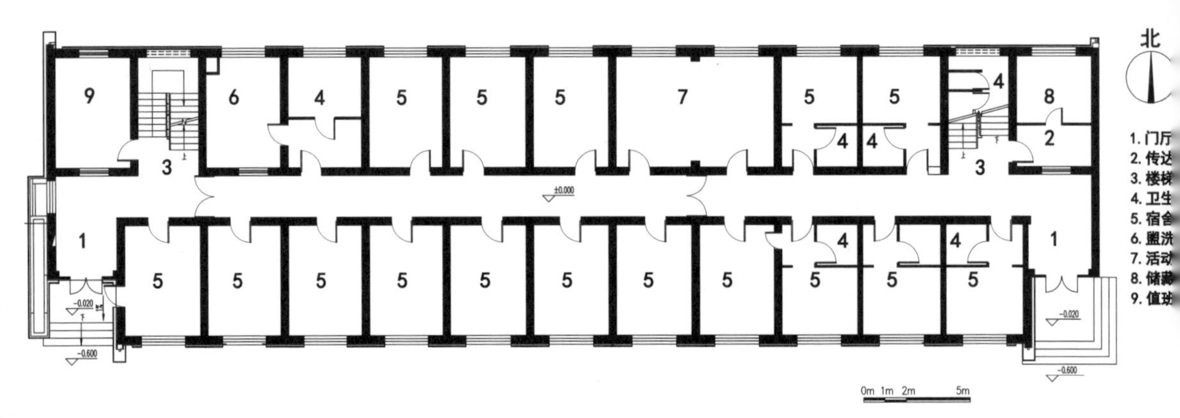

图 7-9　国图招待所改造前一层平面图

图 7-10　国图招待所改造后一层平面图

图 7-11　国图酒店接待前厅

图 7-12　国图酒店客房走廊

图 7-13 国图酒店客房视角 1

图 7-14 国图酒店客房视角 2

整体维修 焕发新机

21 世纪的第一个十年，互联网技术发展已深刻影响到社会生产、生活的方方面面，图书馆行业也深受其影响。国外许多图书馆出现了到馆读者量锐减、读者证注册量急剧下降的状况。为此，图书馆开始重新审视自身的生存价值并积极探索未来发展出路。在图书馆建筑方面，通过打造交流空间以加强社会关联并塑造场所精神的发展模式逐渐成为图书馆界的共识。作为行业先锋，国家图书馆在二期馆舍建成后，已形成两个馆区、三处馆舍的发展格局，馆舍面积达到 25 万平方米。对于如何发挥馆舍优势助力图书馆事业发展，国家图书馆做出了自己的探索。首先，是对三处馆舍的服务内容进行重新梳理和调整。文津街馆舍继续保持原有风格，提供以普通古籍、地方志、家谱为主的收藏和阅览服务；一期馆舍主要面向研究型读者开展以外文及专藏文献为主的专业性服务；二期馆舍则主要面向大众，开展以中文文献为主的藏借阅一体化服务以及数字化阅览服务。其次，以一期馆舍水电管路、机电设备、消防设施、网络系统的改善为契机，实施了针对一期馆舍的整体维修改造工程，强化开展艺术教育、展示、讲座培训等服务的空间设计，以体现图书馆在新时期的价值，同时也为这座地标性建筑注入新的活力。2010—2014 年，国家图书馆暂停了一期馆舍的对外服务，开始进行整体维修改造。负责一期馆舍设计工作的中国建筑设计研究院有限公司承担了此次维修改造设计任务。回顾这次改造，虽不像当年新建时那样兴师动众，但参与者所付出的心力和智慧仍让人难忘。

一、赋予老建筑新的功能

改造前，国家图书馆一期馆舍由 13 个建筑单体（编号为 A、B、C、D、E、F、G、H、J、K、L、M、N）组成，建筑面积约 14 万平方米，主要包括书库、阅览、业务采编三大功能分区。原有空间布局采用书库在中间、阅览在四周、业务采编在底层的形式，符合国家图书馆作为国家总书库所秉持的“藏阅并重”的定位需求。改造后，书库、业务采编用房规模相对稳定，阅览规模虽有所缩减，但传统业务总体上仍可延续原有的布局模式。而如何将典籍博物馆、艺术中心、后勤保障用房等新功能植入老建筑，改造方案根据现场情况以及实际需求，采用了不同的策略。

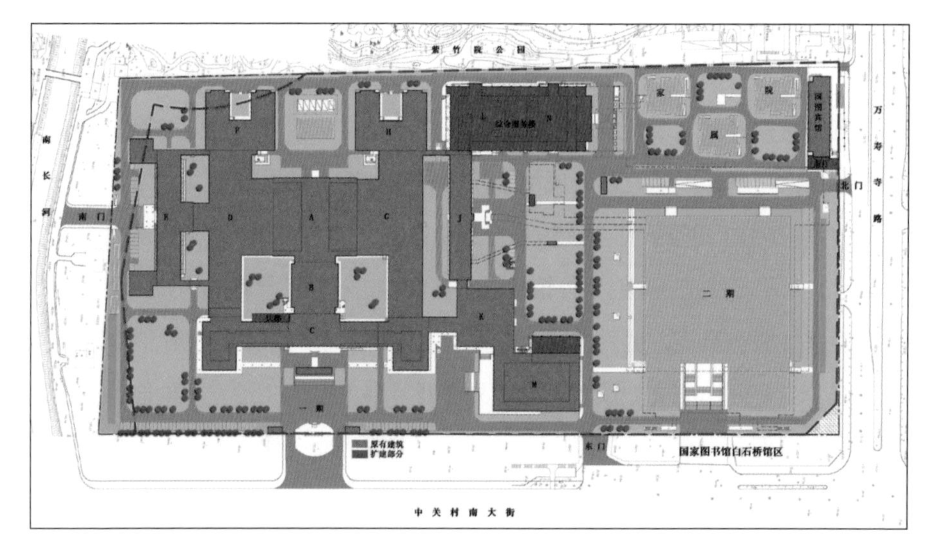

图 8-1 国家图书馆白石桥馆区总体布局（中国建筑设计研究院有限公司 提供）

表 8-1 国家图书馆一期馆舍改造前后各功能用房面积统计表

功能	改造前位置	面积（平方米）	占比（%）	改造后位置	面积（平方米）	占比（%）
书库	A、D（地下）、G（地下+部分地上）	59521	41.6	A、D（地下）、G（地下+部分地上）	59521	35.6
阅览	B、C、D、E、F、G、H（各楼2层及以上）	41956	29.3	D、E、F、G（各楼2层及以上）	22017	13.2
业务采编	B、C、D、E、F、G、H（各楼1层）	15942	11.1	B、C、D、E、F、G（各楼1层）、G（2层以上）、H	23368	14.0
展览	K（2层）	1526	1.1	B、C、K（各楼2层及以上）	14039	8.4

续表

功能	改造前位置	面积（平方米）	占比（%）	改造后位置	面积（平方米）	占比（%）
艺术教育	M、K（1层）	5411	3.8	M、K（1层）	6975	4.2
讲座培训				综合服务楼（4层及以上）	7743	4.6
行政办公	J	8075	5.6	J	8075	4.8
后勤保障	L、N、E（地下）、其他	10728	7.5	综合服务楼（3层及以下）、E（地下）、其他	25312	15.2

i. 公共空间、设备机房、卫生间等面积已分摊到各功能区；

ii. 改造后，L楼部分保留、N楼拆除，利用该场地扩建综合服务楼。

图8-2　国家图书馆自西向东鸟瞰效果（中国建筑设计研究院有限公司　提供）

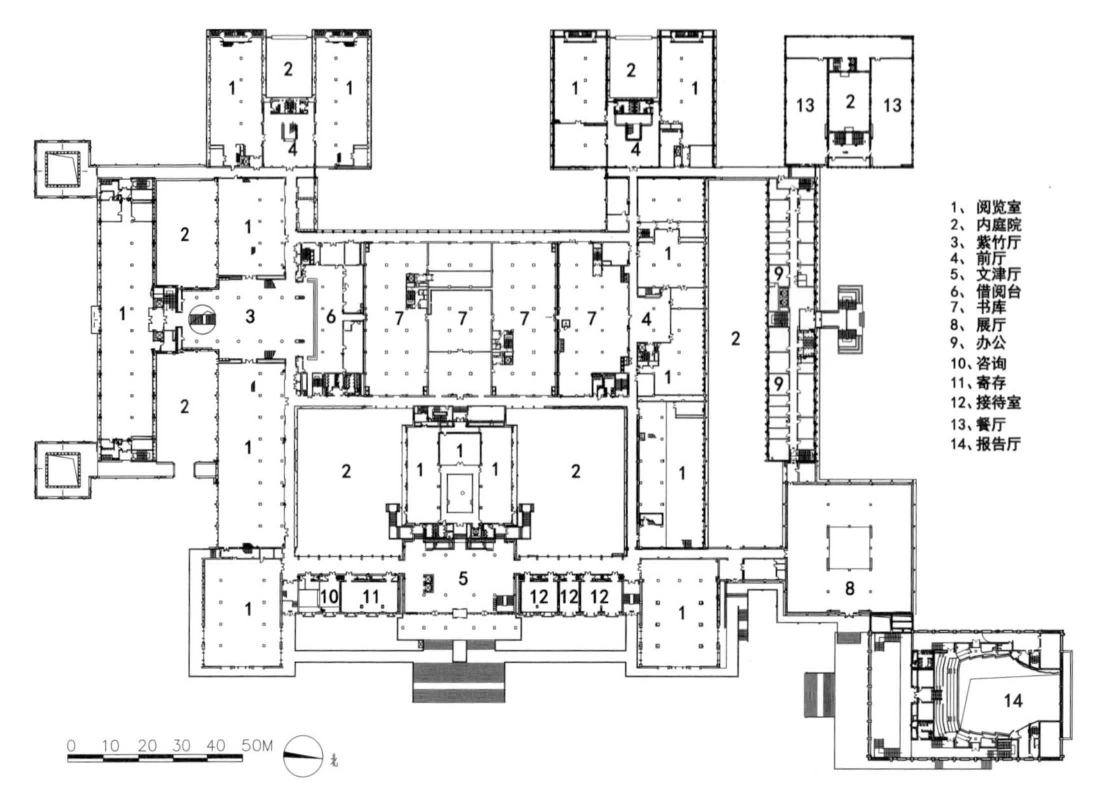

图 8-3　改造前国家图书馆一期馆舍二层平面图（中国建筑设计研究院有限公司　提供）

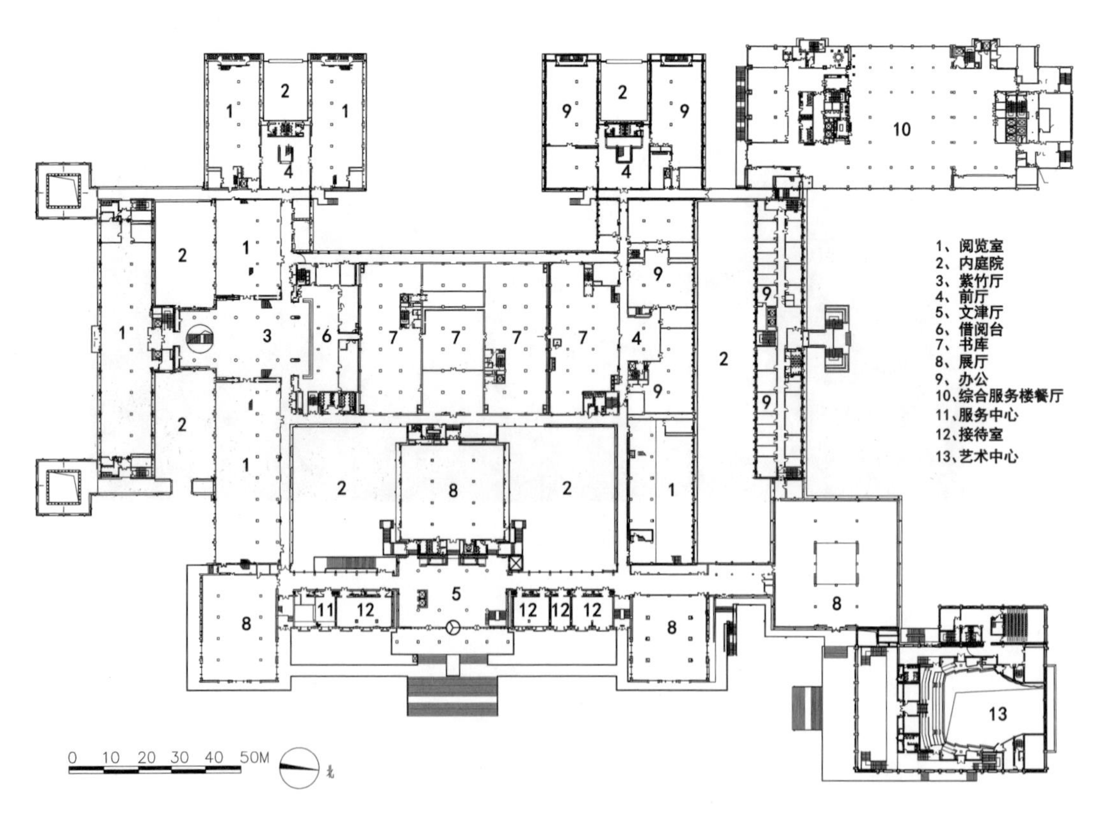

图 8-4　改造后国家图书馆一期馆舍二层平面图（中国建筑设计研究院有限公司　提供）

1. 国家典籍博物馆

展陈功能对于国家图书馆来说并非新鲜事物。1931 年建成的文津街馆舍便辟有专室展示优秀典藏以及先进科学。改造前的一期馆舍也曾设有一个展厅（见第 184 页，图 5-39），展览的内容大多与图书相关。但受制于空间，展览时断时续，难以形成稳定的参观人流。此次改造后，国家图书馆将展厅增设到 10 个，并以国家典籍博物馆的面貌出现。“图书馆 + 博物馆”模式不仅让书写在古籍中的文字“活”起来，也使得图书馆与社会生活产生更多的关联，以全新的方式拓展了图书馆公共文化服务职能。

在国家典籍博物馆平面规划中，以如何妥善处理它与图书馆传统业务之间的关系最为关键。笔者提出将建筑群东侧的 B、C、K 三个单体建筑整体作为典籍博物馆专区，获得了多位建筑专家的肯定。该方案与其他备选方案一同提交给评审组进行评审，最终被确定为实施方案。评审组认为该方案中博物馆专区与图书馆传统业务区既相对独立又互有联系，较好地处理了彼此之间的关

图 8-5　国家典籍博物馆展厅（张广源　摄）

系，也符合国家典籍博物馆的整体形象。博物馆内的展厅由阅览室改造而成，大部分空间高大规整，适合布展需要。为组织博物馆专区的内部流线，方案在二层面向内院一侧还增设了外挂扶梯。

2. 国图艺术中心

建筑群东北部的 M 楼位置相对独立。建成之初，该建筑曾为报告厅使用，可同时容纳 1200 人。之后也曾作为电影厅、音乐厅使用。为更好地发挥空间效能，国家图书馆提出建设艺术中心，旨在普及艺术知识，增强全民艺术修养。这是对图书馆社会教育职能的拓展。建成后，国图艺术中心可利用图书馆馆藏、区位优势打造极具特色且“高贵不贵”的艺术活动。国家图书馆联合设计单位、建筑声学、舞台工艺顾问对原有建筑进行了全面分析，确定了以音乐会为主，兼顾会议、电影、小型演出的功能定位。改造方案将原有建筑向西侧内院扩建了 1300 平方米，以解决排练、化妆、候场等配套用房不足问题。室内空间围绕“在老房子里放进一个木头盒子”的设计概念展开。“老房子”指的是原有建筑外立面、大堂和公共走廊保持原有风格，“木头盒子”指的是观众厅将按照建筑声学标准以及舞台工艺要求重新设计。此外，M 楼南立面基

图 8-6　改造前的国图艺术中心南立面（左）

图 8-7　改造后的国图艺术中心南立面（右）

座部分原先为墙体，采用石材贴面。此次改造则结合功能的更新（基座原为自行车库，现改为票务中心），将其调整为书脊状竖向石材间以玻璃分格。这也是本次改造工程中对建筑外立面进行的为数不多的一次调整。

图 8-8　国图艺术中心前厅（张广源　摄）

图 8-9　国图艺术中心观众厅（张广源　摄）

3. 综合服务楼

统计数据显示，近年来图书馆到馆读者中参加讲座培训活动的读者数量稳步增长。讲座培训服务已经成为图书馆的一项重要服务内容。国家图书馆举办的讲座培训活动内容丰富，很受读者欢迎。与之不相匹配的是，馆内开展相关活动的场地很少且布局分散，难以满足需要。此外，读者餐饮等后勤保障用房面积长期不能满足实际需要的问题也亟待解决。国家图书馆就此提出了相关扩建计划。经过多个方案的比选和优化，扩建项目选在一期建筑群西北角实施。场地内原有的 N 楼（锅炉房）被拆除、L 楼部分保留（保留冷冻机房和总配电室）。建成的综合服务楼共有 9 层，地上 6 层，地下 3 层，建筑面积约 25700 平方米（新增面积为 24335 平方米）。三层及以下主要布置餐饮等后勤保障用房，三层以上空间用于开展讲座培训活动。其中，六层结合屋顶绿化形成了两组可借景（紧邻紫竹院公园）的院落空间，增加了建筑的空间趣味，也丰富了一期馆舍“馆中有园、园中有馆”的建筑内涵。建成后的综合服务楼与一期建筑群连成一体，整体风格保持一致，进一步完善了一期建筑群的总体布局。

图 8-10　改造前的 L、N 楼

图 8-11　扩建后的综合服务楼

图 8-12 综合服务楼餐厅（张广源 摄）

图 8-13 综合服务楼讲座培训空间

此次改造中，新拓展功能在空间规划上与传统的阅览服务保持了相对独立。这既是根据各功能区不同特性所做的选择，又有多维度发展的考虑。但在业务层面，考虑更多的则是交叉融合，比如：典籍博物馆在举办以古琴为主题的展览时，馆藏的相关典籍也会一并展出；同时，还邀请多位古琴家在艺术中心进行现场表演，并在表演时穿插艺术普及性质的讲解；也适时推出古琴培训班，有的课程就选在展厅实地教学。这种“图书馆 +”的运作模式是在新形势下通过新功能激活图书馆空间的一次尝试，赢得了到馆读者的一致好评。

二、采用尊重的方法去整修

国家图书馆一期馆舍是当时全国规模最大的一次建筑设计创作活动的成果。它的设计凝聚了以杨廷宝、张镈、戴念慈、吴良镛、黄远强、杨芸、黄克武、翟宗璠等为代表的诸多建筑前辈的智慧[①]。2017 年 3 月 30 日，一期维修改造工程的设计主持人崔愷院士在新建成的综合服务楼接受了一期馆舍建成 30 周年的专题口述史采访。采访中，崔愷院士谈到，他在改造中特别尊重前辈们在一期馆舍建筑设计中付出的心血和智慧。前辈们在设计该建筑时的许多控制和把握，让他感到有时候后人的基本功远远不及这些老先生。因此应在尊重原设计的基础上去开展整修工作，以维护原来设计的品质。

早在改造之初，业主、设计、施工三方就本项目的改造策略达成了共识：一是尊重原创、保护经典，原有空间结构体系、色彩比例关系保持不变；二是对原有空间进行最低程度的干预，并力求在细部做法上进一步提升建筑的品质。原则虽已明确，但现场情况仍较为复杂，再加上有些部位的改造设计图纸交代的也不是很清楚，施工遇到了不少困难，比如：新增消防、空调、强弱电管线后，如何维持原有空间的层级关系；新的饰面做法与原有构造如何交接处理并建立新的平衡；在保持原有空间体系、比例关系的同时，如何让改造后的

---

① 胡建平 . 国家图书馆一期馆舍建筑设计之路 [J] 建筑学报，2017（12）：81-87.

空间更有品质；等等。为此，国家图书馆希望室内设计，特别是公共空间，崔愷院士能亲自负责。崔愷院士提出了现场设计的工作方式，也就是先由其提出初步设计方案，再由承包商根据实际情况深化设计并提出问题，然后他到现场结合问题给出解决方案，再请承包商在现场制作实体样板，最后由他到现场确定实施方案。所有问题都在现场解决。图书馆和承包商都觉得这个方法好。但众所周知，崔愷院士的工作十分繁忙，他能做到逢请必到吗？即使能到，恐怕也未必能及时。抱着这样的顾虑，笔者开始了与崔愷院士频繁的短信沟通。没想到过程出奇的顺利，短信发过去，当天，最迟第二天准能收到回复。只要他在北京，商定来现场的时间一般都在两三天内。实在脱不开身，他也会让我们带着相关资料去他的工作室。根据统计，仅2012年6月开始的4个月的时间内，崔愷院士就先后10次到工地指导设计。在他的带动下，业主、设计、施工三方的技术团队紧密配合，做了大量工作，并取得了不错的效果。

图8-14　2012年8月28日崔愷院士在施工现场汇报设计方案（国家图书馆基建档案）
左一苏品红、左二朱荷蒂、左三胡建平、左四詹福瑞、
右一王军、右二崔愷、右三周和平、右四李昌明、右五戴海红

1. 文津厅

国家图书馆一期馆舍的公共空间是由三横两纵状的交通廊以及由其串起的五个休息厅组成的。这些空间中，以建筑东入口的文津厅最为庄重典雅。它的地面选用贵妃红石材，墙面为白色肌理弹涂，明框矿棉吸音顶棚下悬挂着当年专门为该空间设计的满天星组合灯具。大厅正面及两侧的门楣上是一组以“灿烂的中华文明”为主题的紫砂陶板壁画。该壁画与向上拔起的汉白玉八角柱、艾叶青石材覆面的电梯筒体一道丰富了文津厅的空间层次。改造设计以文津厅的原有做法为基准，向其他公共空间铺开。原先赭红色缸砖地面的交通廊和活动厅统一选用贵妃红石材，和文津厅地面保持一致；明框矿棉板吊顶则改用更为整洁干净的粘贴吸音矿棉板；墙面维持了原有的白色肌理弹涂做法，只在文津厅、紫竹厅选用了白色石材。

公共空间装修方案确定后，施工单位围绕文津厅的细部做法与崔愷院士在现场讨论过四五次，前两次由于一些棘手的细节问题难以往下开展，只能思考几天再讨论。经过几次磨合，整修思路变得清晰。比如墙面改成石材后，新做法导致墙面厚度增加，与原有的构造（主要指的是位于南北墙体门楣处的陶板壁画以及大厅东北角的开放式楼梯）不好交接。这一问题最终经过统筹考虑，采用分段处理的方式得以解决。具体来说，就是在大厅四个角部采用蜂窝复合石材并紧贴墙体施工，保证墙面与开放式楼梯的交接细节、层级关系维持原有形式；南北石材墙体的完成面与其门楣处的陶板壁画找齐并留出凹槽，以便完善墙体与陶板壁画的细部收口；东侧主入口墙面也稍做突出以与南北侧石材墙体形成呼应。调整后的方案，东、南、北三面墙体的中部略微突出于角部墙面，这样既突显了保留的陶板壁画及新做的铜质大门，又在原有空间形成了新的层次。针对南北侧门洞位置需要增加防火卷帘的问题，在设计中通过将门洞加深，成功嵌入卷帘。同时，把大厅一侧的石材和陶板延展至门洞另一侧使之成为整体，形成新的壁画创作空间。

图 8-15　文津厅（赵学娟　摄）

2. 紫竹厅

紫竹厅是本次维修改造工程中最早开始施工的公共空间，紫竹厅改造工程的许多细部做法对其他空间的整修具有示范意义。因此，参建各方在现场进行了深入讨论，施工单位也按照要求做了许多样板。改造前，大厅中央镶贴有大幅人造花岗石与瓷板相结合的壁画“现代与未来”；大厅四周是釉砖墙面，地面为赭红色的缸砖，球形网架玻璃采光顶下方是园林式休息区，花池、坐凳等布置其间；上下三层的廊式空间由圆形仿石柱、白色肌理涂料饰面的砌筑栏板围合而成。整修方案对建筑细部做法进行了一系列完善：①釉砖墙面改用蜂窝复合白色石材，并将竖向龙骨埋入墙体，维持完成面与原有构造的层级关系；②提升空间照明环境，对瓷板壁画、书库服务台照明进行重点整治；③园林式休息区基本保持不变，但对地面铺装形式以及结合花池布置的坐凳做适当调整，让其看上去既有变化又更加规整；④挑空处的砌筑栏板背面换成更耐久、耐脏并与墙面呼应的白色石材，上部增加较为人性化的木制护板，这样既解决了栏板高度不满足现行规范的问题，又使栏板功能更加完善；⑤中庭原有的球形网架结构组成的采光天花板造型看上去较为零乱，通过在采光顶下添加一道铝质百叶解决该问题，同时也增强了室内的光影效果；⑥中庭回廊的天花板因增加设备管线，完成面比回廊梁底还低，为了保持原有的梁顶、梁柱以及与楼梯的关系，方案采用光槽、凹槽方式处理；⑦仿石柱饰面改造前保存完好，为保留岁月感，此次整修只做清洗和局部修补处理；⑧楼梯踏步材料由原来的缸砖改为贵妃红石材后，为了保持原来的踏步形式，在传统踏步基础上，增加了 40mm 厚的阶梯状石材护边。

图 8-16　紫竹厅（张广源　摄）

3. 其他空间

位于建筑群西侧的 F、H 楼采用了对称布局的建筑形式。其前厅不大，3 层通高，整体看上去色彩单一、略显简陋。为了提升空间品质，除参考紫竹厅的做法外，方案还做了两处调整。一是将前厅中央的“Π”形片墙（楼梯前脸）由原先的白色肌理涂料改为紫砂陶板覆面。该做法既呼应了文津厅的紫砂陶板壁画，又增加了片墙结构在空间中的分量。二是保留阅览室与前厅间的茶色艺术玻璃隔墙。在其背面增设防火墙可满足防火要求，并可利用两墙间的空腔布置光源，以显露艺术玻璃的纹理。改造后形成的暖色调水波纹光影为该空间增色不少，这一做法被推广到了公共走廊等空间。

图 8-17　F 楼前厅（张广源　摄）

图 8-18　公共走廊（张广源　摄）

G 楼过厅位于该楼中部，是一处瘦高形的空间。改造前，该区域灯光昏暗，环境氛围显得较为消极。调整后的方案结合梁柱架构对该空间进行了系统梳理。一是铺装天花板投影范围内的地面以及梁柱架构，统一采用艾叶青石材饰面（改造前，仅有结构柱采用了艾叶青石材饰面）。二是拆除原先的隔栅吊顶，让顶部的模壳结构直接露出，并引入自然光。三是利用环廊和梁架增设照明灯具，改善空间光环境，在竖向上形成层次。

图 8-19 G 楼过厅立面（张广源 摄）

图 8-20 G 楼过厅天花板（张广源 摄）

从某种意义上说，国家图书馆一期维修改造工程对建筑原有品质进行维护的过程就是对细部做法不断完善的过程。这种关注细节的做法不易被人察觉，但耗费的精力却相当大。有很多地方甚至经历了边拆除、边设计、边推敲、边施工的多次往复过程。2017 年 10 月 12 日，崔愷院士在国家图书馆一期馆舍建成并开放 30 周年座谈会上回忆起这段改造经历时说，该建筑经过改造，内部原有空间结构体系、色彩比例关系没有变，许多很有特色的艺术装饰、灯具、栏杆扶手没有换，大家熟悉的建筑外观也没有动。这种为国家图书馆留住"乡愁"，将其作为中国当代建筑遗产来保护的改造方式在当下有着较为广泛的现实意义。

图 8-21　阅览室（张广源　摄）

图 8-22　讲座培训空间（张广源　摄）

图 8-23　贵宾厅（张广源　摄）

图 8-24　楼梯建筑细部（张广源　摄）

三、完善设施设备

如果说建筑功能和装修观感是工程建设的面子，那么高效且完备的设施设备就是工程的里子。对图书馆建筑设施设备而言，需要关注以下两方面内容；一是采用技术手段防范火灾、水灾和盗抢风险；二是让各种设施设备有序、可控运行，为图书馆各类藏品提供良好的保存条件，为读者和员工提供舒适的阅读和办公条件。

改造前，一期馆舍消防系统仅有火灾自动报警系统和消火栓系统，这与现行国家防火设计规范的要求相差甚远。因此，对旧馆进行消防系统改造是一项必要的工作。在消防设计时，应考虑老建筑的已有格局，保证建筑的使用功能不受太大影响。国家图书馆一期馆舍的消防专项设计，从提出第一稿方案，到形成最终方案并获得审批部门批准，时间长达两年之久。最终的实施方案达到了既不破坏馆舍原有的空间体系和内部使用功能，又基本满足现行防火设计规范的预期目标。

与火灾相比，图书馆在运行管理中更容易遇到水灾。本次维修改造工程也对水灾隐患进行了彻底排查和处理。一是对旧有管道和设备进行了全面更新。二是尽可能避免水系统管网进入库区。三是在水灾隐患区、特别是藏品库房等水患重灾区设置初期水灾智能报警系统，以便在水灾初期进行有效处置。

一期馆舍内存有大量珍善本古籍，加之典籍博物馆的开放运行，对于安防工作来说，防盗抢压力骤增。本次维修改造工程的安防设计采用分级管理模式对馆区进行区别化管理。这一做法既能满足实际需要，又避免了盲目扩大防区给日常运行管理增加负担的问题。本次维修改造还特别注意设施设备运行的可控性和有序性。比如，在书库区设置了空气监测系统，这对及时调节藏品的保存环境十分有利。在馆区设置了设施设备智能运行控制平台以及 24 小时电话报警平台，并在这两个平台的基础上建立全天候联动机制，以便及时、有效地处理与大楼运营相关的各类问题。

四、探索建筑全过程设计

公共建筑设计已不是建筑产品的单一设计，而是从建筑到室内空间、家具陈设，再到工业设计以及艺术品创作的完整设计。这种由建筑师全过程把控的建筑设计具有连贯性和延展性，内容丰富，层次突出，逻辑性强，有助于提升建筑的整体品质。一期维修改造设计团队除参与室内装修设计、家具式样、CI标识制作、庭院景观改造、泛光照明等相关工作外，还在部分艺术品的创作中以其独特视角给予建议。

一期工程建设之初，为了创造丰富的室内空间与良好的建筑环境，建筑师与艺术家便有过合作，并留下了不少艺术精品。位于文津厅正中央的大型紫砂陶板壁画的位置就是由建筑师选定的。这组壁画以“灿烂的中国古代文明”为主题，是著名画家李化吉与夫人权正环的代表作品。壁画由左壁、右壁、上楣画面及两根立柱组成，另以两块门楣作为陪衬。内容包括孔子讲学、玄奘取经、孙子演阵等。随着时光的流逝，该壁画局部出现了剥落和破损。本次改造，国家图书馆邀请已 83 岁高龄的李化吉先生再度出山对壁画进行修复。李先生欣然同意，并在原稿的基础上，对破损和剥落的“盘古开天”板块内容进行了二次创作。在以文津厅为中心的长廊设计上，崔愷院士提出将文津厅南北门楣上原有的两块陶板壁画由文津厅一侧卷向长廊一侧，并希望在新形成的两块门楣上创作新的作品。鉴于原有壁画的内容是由与图书馆相关的古代史迹组合而成的，国家图书馆最后决定将八枚反映我国官方藏书历史的印章“翰林国史院官书”“缉熙殿书籍印”“文渊阁印”“天禄琳琅”“京师图书馆珍藏之印”“国立北平图书馆珍藏”“北京图书馆藏”“国家图书馆藏”的印文留在了新门楣上。老作者对原作的二度创作、新一代建筑师以及图书馆人在原作基础上的延展发挥，不仅使壁画重现光辉，又为原作增加了新的情趣。又如，为配合国家典籍博物馆开馆，国家图书馆邀请国家级非物质文化遗产“铜雕技艺”的代表性传承人朱炳仁先生为国家典籍博物馆设计铜质大门。经过与馆方以及建筑师反复酝酿讨论，朱炳仁先生最终从国家图书馆镇馆之宝——《永乐大典》“真”字韵“门”制类中选取纹样进行创作演绎。这是“让古籍中的文字活起来”的设计理念在一期维修改造工程中的具体运用。

让建筑师的设计意图贯穿建筑设计的全过程，并在此基础上引入专项设计团队与建筑师协同合作，这有助于双方碰出火花、形成合力。这一做法在一期馆舍维修改造工程中取得了一定的实效，但也留有不少遗憾。比如家具设计、景观改造等项目便落实得不够好。笔者坚信这条路的方向是对的，希望其他图书馆能在维修改造和新馆建设中继续探索。

图 8-25　紫砂陶板壁画（赵学娟　摄）

图 8-26　典籍博物馆铜门（赵学娟　摄）

五、一期馆舍重新开放

2014 年是国家图书馆建馆 105 周年，这一年国家图书馆一期维修改造工程全面竣工，各功能区陆续投入使用。1 月，国图艺术中心率先对社会开放。试运行期间，与国图艺术中心达成战略合作协议的中国歌剧舞剧院、中国东方演艺集团、中央歌剧院、中央民族乐团先后登场为观众送上《良宵》《图兰朵》等国内外经典演出节目。7 月，国家典籍博物馆开始试运行，“国家图书馆馆藏精品大展”作为开馆展览正式面向公众开放。该展览由金石拓片、敦煌遗书、善本古籍、舆图、名家手稿、西文善本、样式雷图档、中国少数民族文字古籍和中国古代典籍简史等九部分组成，展品达 800 余件。这是国家图书馆历史上最大规模集中展示馆藏文献珍品的一次展览。9 月，一期馆舍全面对读者开放，大家普遍认为，图书馆的“味道”没有变，但整体品质和舒适度有了很大提升。一期馆舍经过四年改造再次开放后，重新赋能的新空间为国家图书馆在新时期创新服务方式、提升服务体验提供优良的环境条件，图书馆空间的价值也将在国家图书馆未来事业的发展中得到进一步彰显。

随着图书馆事业的不断发展，全国各地纷纷建设图书馆新馆。图书馆老馆舍也将面临不同的命运。有的被政府收回，有的被挪作他用，还有的继续提供服务。虽然图书馆老馆舍的建筑结构、空间布局很多时候被认为难以适应现代图书馆的发展需要，但大挑空、全开放的空间格局是否就是未来图书馆建筑唯一的发展方向？在经历了新冠疫情之后，这个问题值得图书馆管理者思考。另一方面，图书馆的老馆舍大多身处城市核心区，其所承载着的建筑历史印记以及城市文脉等优势也是许多图书馆新建馆舍难以比肩的。因此，在建设新图书馆时，图书馆管理者应尽力保留住图书馆老馆舍，并将对其的改造作为探索及创新图书馆发展方式的契机。希望在当下的老城区改造中，图书馆能打破固定思维，敢于创新，采用多种方式为城市文化建设以及人民美好生活营造出更多极富特色且充满温度的体验空间。

战略储备
以策安全

一、项目建设背景

国家图书馆作为中国国家总书库，按照“中文求全、外文求精”的收藏方针，每年的文献入藏量都有一定规模的增长。2008年、2009年、2010年三年中，馆藏总量分别为26967079册/件、27783105册/件、28979203册/件[①]。每年新增入藏量约100万册，照此计算，现有馆舍3400万册/件的存储能力将在2015年前后达到饱和，国家图书馆的文献库存能力面临着日趋紧迫的现实压力。同时，由于文献载体本身的脆弱性，极易在兵燹水火、地震海啸、虫噬鼠咬、焚籍毁版等天灾人祸中遭遇损失。我国历史上曾发生过多次“书厄”事件，有许多珍贵典籍惨遭损毁[②]。比如上海东方图书馆、天津南开大学木斋图书馆等在日本侵华战争中惨遭日军轰炸，图书馆保存的几十万册/件珍贵文献也因此被焚毁。

图9-1 东方图书馆炸毁前[③]

---

① 国家图书馆网站国图年鉴栏目[EB/OL]. http://www.nlc.cn/dsb_footer/gygt/ndbg/nj2018/.

② 参见国家图书馆档案室藏《国家图书馆关于报请协调加快推进国家图书馆国家文献战略储备库项目的请示》(国图研报〔2020〕36号)。

③ 赵建爽.图书馆老照片[M].北京：国家图书馆出版社，2020：94.

图 9-2　东方图书馆炸毁后[①]

早在周朝我国已专设机构藏书，隋唐时期已建立誊写副本、异地分藏的保存制度。200 多年前编制完成的《四库全书》至今仍存三部半，正是得益于手抄七部异地分藏的保存形式。国家图书馆将文献分为保存本、基藏本、借阅本三类[②]，不仅较好地处理了文献保存和利用之间的关系，而且也成为文献保存的有效方式。但同在一地保存并不能从根本上规避上述风险。在解决文献库存容量不足问题时，应汲取历史经验教训，重点研究文献的长久安全之策，这成为新时期国家图书馆文献库房建设的重要课题。

新中国成立后，我国针对粮食、石油等重要物资的供应保障推行了战略储备政策。随着社会的发展，人类对战略储备的制度和内容又有了新的认识并付

---

① 赵建爽 . 图书馆老照片 [M]. 北京：国家图书馆出版社，2020：96.

② 国家图书馆保存的中文图书、中文期刊合订本和中文报纸合订本分为保存本、基藏本、借阅本。其中保存本 1 本、基藏本 1 本、借阅本 2—3 本。保存本和基藏本一起构成正式馆藏，长期保存。

诸行动。稀有金属、电脑芯片、计算机数据、文献等资源已经被不少国家纳入战略储备的范畴。文献作为人类文明的重要内容、文化传播的重要工具、人类记录并认识世界的重要成果，对于中华文化的传承与发展，以及国家文化软实力的提升具有极为重要的作用。因此，将全面记载文明发展脉络的各类文献作为重要的战略资源加以收集并妥善储存就显得尤为重要。2010 年，基于对库房建设的紧迫性以及文献战略储备必要性的综合考量，国家图书馆开始策划异地建设国家文献战略储备库，并通过顶层制度设计实现文献长久安全，以便中华文化瑰宝为子孙后代共享。

二、项目建设内容

建设国家文献战略储备库是一项具有开创性的工作，当时在国内尚属空白。策划案提出后，国家图书馆就文献信息资源战略储备工作在其他国家的开展情况进行了广泛调研。调研发现，不少国家已经或正在通过多种方式加快推动文献保存工作。1994 年，美国国会通过《军事建设拨款法案》，将位于马里兰州米德堡陆军所有的 100 英亩（607 亩）土地划拨给美国国会图书馆用于文献战略储备库建设。1995 年，法国国家图书馆在比西・圣乔治库区建设面积为 1.15 万平方米的一期储备书库。2000 年，俄罗斯开始制订《图书馆馆藏保存的国家规划方案》，要求在俄罗斯国家级图书馆基础上组建储备库。2002 年，日本国立国会图书馆在京都府精华町建立了面积为 5.95 万平方米，藏书 600 万册的储备库一期工程。2005 年至今，英国国家图书馆先后在西约克郡兴建了可容纳 700 万册 / 件文献的文献储备库和容量为 132 公里的报纸储备库[①]。这些国家文献储备的主要策略有：对重要和珍贵文献在科学遴选基础上的可靠长期保存；对非频繁使用的文献资源的转移保存；对逐步被数字化

---

① 参见国家图书馆档案室藏《国家图书馆关于报请协调加快推进国家图书馆国家文献战略储备库项目的请示》（国图研报〔2020〕36 号）。

图 9-3　英国国家图书馆约克郡储备库（国家图书馆基建档案）

的文献资源的异地备份保存等。国家图书馆认真分析国外图书馆同行做法，在本馆文献资源的基础上，提出了国家文献战略储备库的存藏原则和具体建设内容：一是立足于国家文献信息的战略保存，将中文图书、期刊、报纸中的保存本全部迁入国家文献战略储备库，中文图书、期刊、报纸中的基藏本则留在现有馆舍保存并提供服务，二者互为备份。二是考虑到国家典籍博物馆展示以及提供其他服务的需要，将国家图书馆馆藏全部古籍善本和特藏文献的原件留在现有馆舍；而将这些文献的副本及复制件（数字化、缩微和影印本）迁入国家文献战略储备库保存。三是将现有馆舍内部分利用率较低的文献资料迁入国家文献战略储备库暂存（包括部分中文图书、期刊、报纸的基藏本以及部分外文文献资料），腾出的空间用于存放利用率较高以及新入藏的文献资料。四是对国家图书馆馆藏的数字资源实现异地备份。五是在国家文献战略储备库建设必需的文献数字化、缩微、脱酸修复等业务加工设施。在存储方式上，国家图书馆除选用传统的普通书架、密集书架外，还提出在小范围内尝试采用高架仓储的存放方式。

2011 年，国家图书馆向国家发展和改革委员会上报了国家文献战略储备库建设工程项目建议书。项目评审过程中，专家提出国家文献战略储备库工程应是一个全面的、整体性的文献储备体系的建设，应有一个国家层面的相关规划来进行统一设计。国家图书馆报送的项目建议书并没有就此进行研究，且通篇以国家图书馆自身存在的问题和需求立论，不宜用“国家文献战略储备库”名称立项。受文化部委托，国家图书馆着手开展国家文献战略储备库建设体系以及国家图书馆在该体系中的宏观定位研究工作。中央领导对该项目十分关心，2013 年 3 月，李克强、刘云山、张高丽、刘延东等中央领导对国家文献战略储备库项目建设做出重要批示，要求相关部门予以支持，加快推进。

三、国家文献战略储备库建设体系研究

国家文献战略储备库建设体系研究的首要问题是明确什么是“国家文献”。研究报告指出，国家文献是指全面记载国家政治、经济、科技、文化等一切文明集合的成果。目前，图书馆、档案馆等公共机构是国家文献的收藏主体单位。建立国家文献战略储备体系的目的就是要将这些国家文献作为国家重要的战略资源加以收集和妥善储藏，在全国范围内形成分级分类储存、分工合作建设、统一调度利用的国家文献储备网络，以实现对国家文献战略资源的长期保存和永续利用，为保护和传承中华文明、提升国家文化软实力、维护国家文化安全提供全面而系统的文献支撑。

结合我国当前文献资源分级分布式布局的现状，研究报告提出文献储备库建设宜采取“国家—地区—专业”三级储备模式，即依托国家图书馆馆藏文献信息资源，建立国家文献储备库，实现国家层面重要文献资源的全面储备；在全国划分若干大区，建立以地方特色文献、珍贵文献长期保存和异地灾备为目标的地方文献储备库；建立科学院、社会科学院、高校、农学、医学、军队等系统的专业文献储备库。研究报告认为，国家文献战略储备体系主要包括三

方面内容：①文献储备库体系建设；②标准规范体系建设；③政策法规体系建设。其中，文献储备库体系是我国文献战略储备体系建设的核心内容和首要任务；标准规范体系是确保各储备库之间能够实现无障碍信息流转、各类型文献能够实现长期可用的必要条件；政策法规体系是确保我国文献战略储备体系能够长期、科学、可持续发展的基本保障。

时任文化部财务司副司长饶权其时正主管文化部基本建设工作。他建议工程以“国家图书馆国家文献战略储备库”为名称，尽快完成立项并以本项目为试点，为带动并全面推进国家文献战略储备库体系研究与建设工作积累有益经验。2015 年 1 月，国家图书馆完成《国家文献战略储备库建设研究报告》的编制工作并上报文化部。报告认为，国家图书馆的职能决定了国家图书馆是国家文献战略储备库的最佳建设主体，也是承担国家文献战略储备库建设任务的唯一适合主体；建议以“国家图书馆国家文献战略储备库”为名称，重启立项工作。国家发展和改革委员会评估认为项目名称调整后与项目的实际情况较为匹配，也更加符合其在国家文献战略储备库建设体系中的总体定位。一度面临搁置的国家文献战略储备库建设工程重新步入正轨。

四、国家图书馆国家文献战略储备库建设工程选址

自项目开始策划时起，国家图书馆便同步推进项目选址工作，并结合项目性质和定位对该项工作明确提出了四方面的具体要求。一是项目场址的地质结构应稳定，发生地震、洪水、滑坡、泥石流等地质和自然灾害的可能性相对较小。二是鉴于该场址与国家图书馆总馆互为备份关系，两地应保持一定距离，以确保其中一地一旦发生灾害，另外一地不受影响。三是日常运行过程中，储备库区的保存条件应能得到可靠维护。这要求项目所在地不仅要具备不间断供电、供水、通网的保障能力，而且其他方面的条件也适宜工作人员长期稳定工作和生活。四是项目场址与总馆之间应具备较好的交通条件，为节省运输成本并方便联系，两地之间的距离也不宜过远。综合以上因素，国家图书

馆在距总馆直线距离 70—200 公里范围区间进行选址。初期，国家图书馆在怀柔、平谷、房山、延庆等北京近郊区县选址；后期，根据京津冀协同发展的具体要求，国家图书馆将选址范围扩大到河北省张家口、承德、保定、唐山以及天津市蓟县等地。2011—2014 年，国家图书馆共对 50 余处地块进行了实地调研，就各备选场地的自然条件、文化传承、社会经济条件做了全面分析和比较，最终将距河北省承德县县城约 2.5 公里的龙王沟地块作为国家图书馆国家文献战略储备库项目的优选建设地点。2015 年 5 月，国家图书馆编制完成了《国家图书馆国家文献战略储备库建设工程选址报告》并上报文化部。11 月，国家发展和改革委员会随项目建议书一并批准了选址报告。2016 年 5 月 17 日，国家图书馆与承德县人民政府签订了项目建设用地协议，用地规模为 10 公顷。

图9-4　2013年11月14日馆长周和平带队开展项目选址调研工作（国家图书馆基建档案）
右一王军、右二周和平、右三陈继跃、右六李昌明

图 9-5　2016 年 5 月 17 日馆长韩永进代表国家图书馆与承德县人民政府签订储备库项目用地协议（谢万幸　摄）
签字代表左一刘志琦、右一韩永进

五、国家图书馆国家文献战略储备库建设工程建设内容及方案

项目场址确定后，可行性研究报告编制工作随之启动。为做到依据充分、投资可控，2016 年国家图书馆先行启动了项目设计方案征集工作。设计任务书明确指出，国家图书馆国家文献战略储备库建设工程设计方案应功能优先，将保证国家文献信息资源安全放在首位，在此基础上，充分尊重地域文化及周边环境，把工程建设为布局合理、方便使用、简朴耐看的文化工程。国内共有 11 家知名设计单位报名角逐。经过资格预审，中国建筑设计研究院有限公司、清华大学建筑设计研究院有限公司、华东建筑设计研究院有限公司、杭州中联

筑境建筑设计有限公司、同济大学建筑设计研究院（集团）有限公司、上海建筑设计研究院有限公司、中国城市建设研究院有限公司7家设计单位入围。经过两轮专家评审，中国建筑设计研究院有限公司设计的方案中标[①]。

图9-6 评审专家查看设计方案（国家图书馆基建档案）

① 第一阶段设计方案评审专家委员会组成人员：张锦秋（中国工程院院士，中国建筑西北设计研究院总建筑师）、柯焕章（教授级城市规划师，北京市城市规划设计研究院原院长）、周恺（全国工程勘察设计大师，天津华汇工程建筑设计有限公司总建筑师）、朱志红（教授级高级工程师，北京园林古建设计研究院院长）、都海江（高级工程师，时任文化部机关服务局局长）、吴建中（研究馆员，上海图书馆馆长）、倪晓建（研究馆员，首都图书馆馆长）、白国庆（教授，文化部海外文化设施建设管理中心主任）、孙一钢（研究馆员，国家图书馆副馆长）；第二阶段设计方案评审专家委员会组成人员：柯焕章、赵元超（全国工程勘察设计大师，中国建筑西北设计研究院总建筑师）、周恺、朱志红、吴建中、倪晓建、白国庆、孙一钢、胡建平（国家图书馆高级工程师）。

图 9-7　杭州中联筑境建筑设计有限公司设计方案（国家图书馆基建档案）

图 9-8　同济大学建筑设计研究院（集团）有限公司设计方案（国家图书馆基建档案）

图 9-9　上海建筑设计研究院有限公司设计方案（国家图书馆基建档案）

图 9-10　中国城市建设研究院有限公司设计方案（国家图书馆基建档案）

图 9-11　华东建筑设计研究院有限公司设计方案（国家图书馆基建档案）

图 9-12　清华大学建筑设计研究院有限公司设计方案（国家图书馆基建档案）

图 9-13　中国建筑设计研究院有限公司中标方案（国家图书馆基建档案）

中标方案结合项目场地由南向北逐步抬高、山谷南北向狭长的地貌特征，将安全等级最高的存储库区和数据资源灾备中心布置在地势最高的场地北侧，宿舍等生活区设置在地势最低的南侧，中间为业务加工区。该布局方式既考虑了不同功能区的不同安全防范等级，也与文献资源从运输、加工处理到最后入库的工艺流程吻合，同时生活区和业务加工区靠近南侧主入口，也方便了人员和货物的进出。存储库区主要位于地下，平面方正，中间连续设置的运输通道串联东西各个书库，在南侧与库前区和业务加工区相连，北侧则预留通道为未来扩建书库创造条件。此外，存储库区四周设置防护巡视通道，底部为架空地面，顶部设置双层屋面板。该技术构造既保障了库区的温、湿度条件，又起到了防盗和保温隔热的作用。不仅如此，为了强化安全管理，减少无关人员进入，整个存储库区采用模块化设计，每 3—4 间书库库房与为它们服务的设备机房组成一个书库单元。每一书库单元的设备机房与书库完全分开，设备日常巡检和保障人员可从专设通道进入，无须进入存储库区。

在建筑造型上，设计方案充分利用地形，将主体建筑半埋入地下，这样既节省工程造价，又能将体量由大化小，与周边环境相协调。业务加工及生活区随山就势布置，并按照功能分解成一个个独立的建筑体，形成有如山村般自然分布的形态。各功能区露出地面的部分看似独立，但其掩埋部分却连成一体，方便彼此间的业务联系。在外形上，建筑采用的坡屋顶与国家图书馆现有馆舍

图 9-14　2018 年 9 月 27 日馆长饶权一行考察储备库项目场地（国家图书馆基建档案）
左一陈樱、左二饶权、左四孙一钢、左五马秦临、
右一胡建平、右二齐建文、右四赵永涛

一脉相承，又与承德的建筑文化遗产相呼应。外墙采用毛石垒砌，有如山村民居的院墙或山间梯田的坎墙，较好地融入了周边环境。

2017 年，国家图书馆根据深化设计方案编制完成了项目可行性研究报告。国家发展和改革委员会在可行性研究报告评审过程中，主要提出了两点意见：一是本项目旨在实现国家文献信息战略保存，将利用率较低的文献资料迁入国家文献战略储备库暂存，违背了国家文献信息异地分藏互为备份的建设目标。二是高架仓储库从空间藏书指标测算并不优于密集架书库。评审专家认为高架仓储书库的优势在于文献的便捷提取，并不适合于重藏轻用的国家文献战略储备库项目，建议更换为密集书架藏书方式。国家图书馆虽有不同意见，但为加快项目进度，还是按照评审意见迅速做出了调整。

图 9-15　2021 年 9 月 14 日馆长熊远明考察储备库项目用地（李家云　摄）

2018 年 4 月，国家正式批准了该项目可行性研究报告。该项目的总建筑面积按 69670 平方米控制，其中存储库区 45705 平方米，数据资源及灾备中心

5082平方米，业务加工区7620平方米，地下车库及人防4000平方米，其他配套用房7263平方米；工程总投资按84069万元控制。经过测算，国家图书馆国家文献战略储备库存藏能力约为2446万册/件，数字资源磁带库存储总量达16000TB。2018年8月，国家图书馆根据项目可行性研究报告的批复意见，完成了项目初步设计和概算文件编制工作，并正式上报国家发展和改革委员会。

六、尽快开工建设

国家图书馆国家文献战略储备库项目被列入《中华人民共和国国民经济和社会发展第十三个五年规划纲要》《国家“十三五”时期文化发展改革规划纲要》《关于实施中华优秀传统文化传承发展工程的意见》《中华人民共和国国民经济和社会发展第十四个五年规划和2035年远景目标纲要》《“十四五”文化和旅游发展规划》《“十四五”公共文化服务体系建设规划》等国家重大战略，充分说明这是一项“功在当代、利在千秋”的重大事业，也从侧面体现了该工程的开创性和复杂性。从2010年国家图书馆提出项目建设构想，到完成初步设计和概算文件编制工作共历时10年，国家文献战略储备库建设体系框架构想已有雏形，作为其核心内容和首个项目的国家图书馆国家文献战略储备库项目经过扎实论证，已经具备开工建设的条件。在此期间，国家图书馆的藏书形势愈发严峻。截至2017年底，馆藏文献近3769万册/件，超出馆藏能力369万册/件。2018年，国家图书馆为此在文献战略储备库项目建设所在地租赁了周转库房以临时存放图书。然而该库房的保存条件只能保证最基本的防火、防盗要求，图书所需的恒温恒湿条件无法得到保证。截至2022年底，馆藏总量达4326万册/件。因此，无论是解决国家图书馆当前面临的文献保存困难，还是加快国家文献战略储备库工程整体进度，都要求该项目尽快完成审批并尽快开工建设。国家图书馆也将承担起历史责任，联合全国各图书馆、档案馆共同行动，为这项旨在保护、传承、发展中华文明的国家重大战略取得实质性进展发挥更为重要的作用。

园林小品

美化庭院

中国的建筑往往与院落相伴，北京的四合院、苏州的园林、徽州的天井院、山西的大院等莫不如此。有了院子，人们的日常起居便从室内延展到室外，又不受外界干扰，自成一方世界。有了院子，人们便会用树、池、花、石点缀其间，丰富生活的情趣。近现代图书馆建筑虽是舶来品，但到中国后深受中国传统建筑文化的影响，在选址和建筑时注重营造宁静、雅致的读书环境。位于北海公园西岸的文津街馆舍，其庭院设计就十分讲究借景，东界的原有红墙被改成汉白玉栏杆，使得北海公园内的山池白塔之美成为图书馆庭院环境的一部分。白石桥馆舍则依偎在紫竹院畔，主体建筑气势恢宏，颇具汉唐遗风。它通过空间组合形成若干内部庭院，与紫竹院公园共同构建了“园中有馆、馆中有园”的传统书院式格局。要说两处馆舍庭院内给人留下深刻印象的，不得不提点缀其间的石质小品。它们有的出身显赫，具有极高的艺术价值；有的精心打造，记录着图书馆的发展历史。

一、文津街馆舍的石质小品

文津街馆舍内的石质小品品种多样，有石狮、华表、石碑、石象、昆仑石、太湖石、丹陛石等。早期的北平图书馆馆务报告中对部分园林小品的来历有扼要记载：

> 复承北平市政府之赞助，将圆明园旧存之雕花望柱及石狮、乾隆御笔石碑、文源阁《四库全书》石碑等移存本馆。俾得永久保存。此项遗物在历史上、艺术上、建筑上莫不有极大之价值。今与本馆新建筑并列一处，相得益彰而瞻均本馆所永志铭感者也。[①]

① 国立北平图书馆.国立北平图书馆馆务报告（民国十九年七月至民国二十年六月）[M].北平：国立北平图书馆，1931：2.

以下结合历史档案介绍几件文津街馆舍的石质小品。

1. 石狮

在宫殿、府第、寺院、私宅等建筑前摆放石狮的传统形成于明代。一般认为，石狮具有辟邪以及彰显建筑威严的作用。1930 年，国立北平图书馆新馆即将建成，建设者开始物色石狮以壮观瞻。此时，几经磨难、已沦为废墟的圆明园由管理颐和园事务所（下称事务所）负责管理，他们出台了圆明园残废砖石变价批卖办法，国立北平图书馆便将圆明园残存的石料纳入了遴选范畴。在查访中，发现该园东宫门外有一对西洋式样的石狮体型优美、神态动人且保存完好，便于 1930 年 5 月 7 日致函事务所，请求其能维持公益、奖掖文化，将这对石狮捐赠给图书馆。5 月 17 日，事务所向北平特别市政府（下称市政府）做了汇报，建议同意图书馆所请，但需收取 1000 元以补助工程款，市政府核准了此事。国立北平图书馆对该结果喜忧参半，喜的是可以如愿得到这对精美的石狮，忧的是购置石狮的预算仅有 500 元，尚有较大资金缺口。为此，国立北平图书馆致函市政府告知难处，并提请政府将这对石狮捐赠给图书馆，图书馆可以捐助事务所工程费 500 元。5 月 30 日，市政府批准了图书馆的方案，并训令事务所按此执行。6 月 10 日，北平图书馆支付了 500 元捐助款，并委托永乐号商人罗德溥代运石狮①。这对石狮大约重 14000 斤，罗德溥特意雇了一辆 12 匹骡子的大车运输。然而好事多磨，6 月 12 日，罗德溥从圆明园起运石狮，因轧坏了从海淀西到西直门共计 22 里长的马路，骡车被北平特别平市工务局（下称工务局）扣留。当天，国立北平图书馆便派一位余姓书记出面协调。次日，又专门致函工务局请求放行。最终，工务局责成包运商人罗德溥修理轧坏的路面，后续起运时应听从指挥，沿着马路两旁的石板路行走②。

---

① 北京市档案馆，档案卷号 J021-001-00394，第 001-027 页。

② 北京市档案馆，档案卷号 J017-001-00461，第 001-010 页。

图 10-1 原位于圆明园东宫门外的石狮[①]

图 10-2 搬至图书馆院门前的石狮

除了这对狮子，国立北平图书馆新馆建筑前还有一对体量更大的石狮，是从五爷府运来的。清朝时北京城有多个“五爷府”，这里提到的五爷府是位于朝阳门内大街烧酒胡同的恒亲王府，今天在北京市东城区朝内大街 55 号院内仍留有原恒亲王府的部分遗存。有了上次骡车被扣的教训，1931 年 4 月 20 日，北平图书馆在石狮起运前，向工务局发送了公函，请该局沿途路警给予关照。公函中还附有一张路线单：“由五爷府启运，走朝阳门大街、猪市大街、弓弦胡同、汉花园、马神庙、景山东大街、后门厂桥、养蜂夹道。”[②]

---

① 图片来源：http://blog.sina.com.cn/s/blog_56577d8f0101gevb.html。

② 北京市档案馆，档案卷号 J017-001-00461，第 012-014 页。

图 10-3　恒亲王府遗存

图 10-4　文津楼前石狮

2. 文源阁碑

国立北平图书馆在圆明园选中石狮时，还看上了其他一些石料。1930 年 6 月 16 日，国立北平图书馆向事务所提供了拟用石料清单，并希望按照捐赠石狮的方式，由事务所酌定最低价款，再由图书馆补助工程费，以便互惠互利[①]。6 月 21 日，双方派员对拟用石料进行现场查看并进行估价。6 月 26 日，事务所将有关情况向市政府做了汇报，市政府对此表示认可。这一次图书馆共选了 12 样石料，分别为圆明园二宫门前石座一对、狮子林太湖石带石座一件、鸭蛋泡子雕花石柱一对、东洋楼石柱九件、东洋楼大石柱一件、东洋楼大门一座、东洋楼外带花长方石一对、黄花镇石柱两件、福海石碑一件、舍卫城太湖石一对、西洋楼半圆漩门一座、文源阁石碑一座[②]。其中，东洋楼大石柱因事务所有用作建筑承露盘的计划、舍卫城太湖石因图书馆暂时不用便没有拟定价款，其余 10 种共估价 2000 元[③]。图书馆提请市政府将拟购石料按七折计

① 北京市档案馆，档案卷号 J021-001-00394，第 028-030 页。
②③ 北京市档案馆，档案卷号 J021-001-00282，第 001-013 页。

算减至 1400 元，并希望圆明园暂时保留清单中未出价的两件石料，市政府再次同意了图书馆的请求[1]。此后，图书馆对事务所留用的东洋楼大石柱念念不忘，并愿意为此补助工程款 500 元。1931 年 3 月 14 日，事务所将此事向市政府做了汇报，并说明事务所已放弃该石柱的使用计划，石柱可以转让给图书馆[2]。但一个月后，采购石料一事发生了变化，在 4 月 14 日国立北平图书馆给事务所的信函中提到：

> 径启者，前承惠赠圆明园旧石料多件，至深纫感。惟以新馆工程未就，未能立时运取。现又春阳解冻，路途泥泞，全部启运，殊感困难。拟日内将狮子林太湖石带石座一件及福海与文源阁石碑各一座共计叁件先行运馆，藉供点缀。其余各件，容至秋后再行商洽。所有敝馆捐助之工程费亦拟照原单各件所定价格就以上之数先为比例支付。[3]

此时距离新馆开馆只剩下两个多月时间，在开馆前将所有石料布置到位本应是最佳方案。而国立北平图书馆做出只起运三件，其他石料暂缓的决定，让事务所十分不解。因为在 1930 年 11 月 28 日国立北平图书馆给事务所的函件中，还要求事务所将所选石料移到一处，以便天气转暖后运输[4]。虽如此，事务所还是接受了国立北平图书馆的新方案。1931 年 4 月 29 日，当事务所派人带着一张 380 元的收据来国立北平图书馆领取三件石料的补助工程款时，图书馆坚持按七折计费，只同意支付 266 元，并请事务所重开收据[5]。到底是什么缘故让国立北平图书馆调整了石料采购计划，因缺乏史料，现在尚不知晓。

---

① 北京市档案馆，档案卷号 J021-001-00309，第 001-003 页。
② 北京市档案馆，档案卷号 J021-001-00309，第 006-009 页。
③ 北京市档案馆，档案卷号 J021-001-00309，第 012-014 页。
④ 北京市档案馆，档案卷号 J021-001-00309，第 004-005 页。
⑤ 北京市档案馆，档案卷号 J021-001-00309，第 024-036 页。

但笔者分析有两种可能性：一是图书馆建设工程到了后期，项目经费已较为紧张，国立北平图书馆不得不放弃一些还未实施的采购项目；二是国立北平图书馆需要缩减这笔预算，利用结余的经费处理更为紧要的事务。后一种可能性极大，后文会做进一步分析。这里先介绍所选定的文源阁石碑、福海石碑和狮子林太湖石三件石料，确实性价比极高，且颇费一番心思。

文源阁碑是三件石料中与国立北平图书馆关系最为密切的一件。因为损伤较大，图书馆仅为其补助了 21 元的工程款。该石碑体型庞大，碑座面宽 1730 毫米、厚 940 毫米、高 1200 毫米；碑体面宽 1375 毫米、厚 585 毫米、高 4650 毫米；原位于圆明园文源阁东侧碑亭内。碑文用满汉两种文字镌刻了乾隆甲午（1774 年）孟冬的御笔《文源阁记》。

文源阁记：

藏书之家颇多，而必以浙之范氏天一阁为巨擘。因辑《四库全书》，命取其阁式以构庋贮之所。既图以来，乃知其阁建自明嘉靖末，至于今二百一十余年，虽时修葺而未曾改移。阁之间数及梁柱宽长尺寸皆有精义，盖取“天一生水、地六成之”之意。于是就御园中隙地，一仿其制为之，名曰文源阁，而为之记曰：文之时义大矣哉，以经世，以载道，以立言，以牖民。自开辟以至于今，所谓天之未丧斯文也。以水喻之，则经者文之源也，史者文之流也，子者文之支也，集者文之派也。派也，支也，流也，皆自源而分；集也，子也，史也，皆自经而出。故吾于贮四库之书，首重者经，而以水喻文，愿溯其源，且数典天一之阁，亦庶几不大相径庭也夫！

文源阁碑刚运到馆时，放置在院内大门东侧。20 世纪 80 年代末，迁到主楼东侧新建的文津园内。目前，该碑可见明显的人工修补和加固痕迹，石碑文字也仅存半数，但仍可辨其大意。《四库全书》是清乾隆年间纂修的一部大型

图 10-5　圆明园内的文源阁碑（右后方）[①]

图 10-6　国家图书馆古籍馆内的文源阁碑

① 图片来源：https://www.bjd.com.cn/a/202002/07/WS5e3d1e44e4b002ffe9941965.html。

丛书。为妥善保存这套鸿篇巨制，乾隆皇帝下令仿照宁波天一阁形制分别修建了承德避暑山庄文津阁、圆明园文源阁、紫禁城文渊阁、沈阳故宫文溯阁、扬州文汇阁、镇江文宗阁、杭州文澜阁。国立北平图书馆新馆所藏的《四库全书》来自文津阁，原书、原函、原架，保存完整、弥足珍贵。文源阁石碑移到图书馆虽有张冠李戴之嫌，但在文源阁建筑与所存图书均已被毁的情况下，这无疑是其最好的归宿。

3. 福海石碑

福海石碑原位于圆明园福海西岸望瀛洲方亭一侧，碑体为汉白玉质，面宽1000毫米、厚650毫米、高2600毫米，两面均有乾隆御题诗。正面（现状位置的西面）为乾隆癸酉（1753年）所作的《望瀛洲亭子》：

骤雨过河源，碧天爽气来。
落景照东宇，赤城艳崔嵬。
非烟亦非云，如楼复如台。
虹桥若可蹑，佺羡相追陪。
亭子琳池西，望瀛名久哉。
今朝乃领要，俨然见蓬莱。
可望不可即，劳者非仙才。

背面为乾隆甲申（1764年）仲夏所作的《望瀛洲亭子戏成三绝句》：

湖心构舍规三岛，湖岸开亭号望瀛。
标榜莫猜出想像，便真壶峤也虚名。

早觉真痴鄙汉帝，那更幻乐羡唐臣。
可知名利场中客，不是神仙队里人。

东海金波一缕丝，须臾玉镜大千披。

仙家日月迅如此，望彼瀛洲亦底为。

国立北平图书馆为购买此碑资助了 140 元工程款。由于原碑出现了一定程度的风化，碑体文字目前已较难辨认。诗文中提到的瀛洲源于我国神仙仙境的传说。汉武帝在长安建造建章宫，为模仿仙境，在宫中开挖太液池，池中堆筑“蓬莱”“方丈”“瀛洲”三座岛屿。此后，“一池三山”成为我国园林的经典营建手法。北海公园和圆明园两处皇家园林都运用该手法在水面中央修建了三岛。北海公园的团城便是太液池上的“瀛洲”，将福海石碑移到图书馆与团城相对，与此碑在圆明园时如出一辙，足见匠心。

图 10-7　圆明园内的福海石碑[①]

① 图片来源：http://blog.sina.cn/dpool/blog/s/blog_56577d8f0101g69o.html?vt=4。

图 10-8　国家图书馆古籍馆内的福海石碑

4. 狮子林太湖石

乾隆皇帝曾六下江南，每次到苏州都会去狮子林，并留下了“真趣”二字抒发游时的乐趣。回京后，他下令仿苏州狮子林式样，在长春园东湖北岸修建了圆明园版本的狮子林，林中假山崎岖、湖石精美。国立北平图书馆为得到这方劫难中幸存下来的狮子林太湖石，特意向事务所捐助了 105 元工程费，是文源阁碑价格的 5 倍，可见图书馆建设者对该石料的心仪程度。这座太湖石运到馆后，曾放置在文津楼西南侧的绿地内。20 世纪 80 年代末，其与院落内其他一些石料一起被移到了文津园水池中，目前很难辨识原貌。

5. 圆明园雕花望柱（华表）

前文提到的北平图书馆重新调整圆明园石料采购计划一事应该与圆明园雕花望柱有关。望柱又称华表，是放置在重要建筑或陵墓前用作装饰的巨大石柱。如今，在国家图书馆与北京大学内，各有一对华表，它们均来自圆明园安佑宫。国家图书馆能够得到这对华表，还需从燕京大学自圆明园运走华表说起。

图 10-9　狮子林太湖石明信片[①]

图 10-10　文津园内的太湖石

① 图片来源：https://www.997788.com/pr/detail_auction_129_20057526.html。

燕京大学是中国近代著名的教会大学，由司徒雷登先生受命创办。1921年，燕京大学在北京西郊一处前清亲王废弃园子的基础上新建校舍。曾为多所大学做过设计的美国建筑师亨利·墨菲（Henry Killam Murphy）接受聘请，为燕京大学新校址进行总体规划和建筑设计。墨菲采用中国古典宫殿式样构筑校园建筑群。其中，东西轴线以玉泉山塔为对景，由西往东依次为西门、石拱桥、华表、贝公楼、未名湖、思义亭、博雅塔，形成了一组层次丰富、形态多样的空间序列，而华表无疑是这一空间序列的高潮部分。现矗立于北大校园的华表是1924年冬燕京大学趁京师步军统领衙门裁撤、郊区警察机构尚未设立之机，从圆明园运走三座华表中的两座。1925年，时任燕京大学副校长兼历史学教授的翟伯牧师（John Mc Gregor Gibb）又派人到圆明园试图运走剩余的一座华表，被闻讯赶到的警察阻止而没有成功。此后，京师市政公所派人将这座华表运至天安门前道路上暂存。1926年，燕京大学以所运华表尚缺一座不便利用为由，向新成立的清理圆明园砖石事务所提出愿意以5000元购买四座华表以及其他石料，但遭到京师警察厅及市政公所的反对。1928年，北平市由国民政府接管，燕京大学再次向行政当局提出愿出资4000元购买四座华表。市政府回复指出已在燕京大学的三座华表，可留在该校，但应妥慎保存，不得改做他用；在天安门前中华街上的一座华表，计划将来搬移到公园[①]。这一决定让燕京大学看到了希望，1929年3月，司徒雷登校长亲自致函市政府，首先对当局“以废物化有用、破坏变建设”，将三座华表留给燕京大学表示感谢，接着提出“单独一座究应立于何处亦殊欠美术上之地位，似不如并在一起成为合璧，于保管尤为圆满”。市政府将司徒雷登的来函转给事务所，请其调查原委再做定夺[②]。事务所向市政府呈报：

---

① 北京市档案馆，档案卷号J021-001-02012，第001-007页。

② 北京市档案馆，档案卷号J021-001-02012，第008-010页。

近查该项石柱经燕京大学移去三根，现尚抛置校内，既未竖立，亦未加修饰，是否诚心爱护，抑别有用途，实不敢臆断。而前所数番请愿出价资购各节则毫未提及，似宜未便令其计取。[①]

由此可见，事务所作为变卖圆明园砖石的受益者，可能对燕京大学此前私自运走华表，这次交涉又未提出价购买的行为较为不满，便向市政府做出了十分不利于燕京大学的调查结论。这不仅彻底断送了燕京大学获得剩余一座华表的机会，也让已经在校园内搁置多年的三座华表的归属问题再次受到质疑。

而在 1931 年 4 月 27 日国立北平图书馆给工务局的一份公函中提到，燕京大学保管的一座华表经市政府和燕京大学同意赠予了北平图书馆，它将与前面提到的圆明园捐赠的三件石料一并起运到馆。运输路线由颐和园经海淀进西直门，往东走西四牌楼，进外西华门到养蜂夹道南口馆址[②]。为确保这次运输万无一失，国立北平图书馆副馆长袁同礼还特意在 4 月 28 日致信北平工务局局长，请他沿途照料[③]。与此同时，市政府将始终没有同意给燕京大学的那座华表也赠给了国立北平图书馆，并于 5 月 6 日训令工务局照料华表运输工作[④]。5 月 8 日和 16 日，国立北平图书馆又先后两次给工务局致函，指出燕京大学所保管的一座华表经市政府面允已移赠本馆，它将与市政府所赠的另一根配成一对。国立北平图书馆委托商人苏广利承运两座华表。其中天安门前华表的搬运路线由司法部街走双沟沿、绒线胡同，转北新华街，穿长安街，进灰厂豁子，走府右街至新馆；燕京大学内华表的运输路线与先前移运圆明园石料路线相同，入西直门后往南经顺城街转行阜成门大街过西四牌楼至新馆[⑤]。

---

① 北京市档案馆，档案卷号 J021-001-02012，第 001-007 页。

② 北京市档案馆，档案卷号 J017-001-00461，第 017-021 页。

③ 北京市档案馆，档案卷号 J017-001-00461，第 015-016 页。

④ 北京市档案馆，档案卷号 J017-001-00461，第 022-024 页。

⑤ 北京市档案馆，档案卷号 J017-001-00461，第 025-032 页。

国立北平图书馆得到这对华表的时间与暂缓购置圆明园部分石料的时间十分吻合。国立北平图书馆极有可能是为了得到这对华表，不得不放弃了一次性购置圆明园石料的计划。因为购置石料的预算毕竟有限，而运输和安装华表又需要一笔不小的费用。由于史料有限，我们还不清楚是怎样的机缘让图书馆有幸得到了这对宝贝，但可以做一些合理推测：1931 年 3 月 21 日，国立北平图书馆与中国营造学社在中山公园水榭联合举办了圆明园遗物和文献展览。展品有遗物和文献两类，遗物主要包括散落在中山公园的多件圆明园石料以及久弃在天安门前的那座华表，文献则以北平图书馆新近入藏的圆明园图档和烫样为主。这次展览虽然只有两三天时间，但参观者达万人以上，其中不乏政商和文化界名流，许多新闻报纸对这次展览的盛况进行了详细报道。很有可能是由于国立北平图书馆多年来不遗余力地保存以圆明园遗物为代表的古物的行为，促成了行政当局决定将已经在天安门前横卧多年的圆明园华表捐赠给国立北平图书馆。其次，燕京大学与国立北平图书馆都是重要的文化教育机构，当燕京大学彻底失去获得最后一座华表的机会后，愿意成人之美，帮助与市政府、事务所都保持着良好关系的国立北平图书馆得到一对华表，并以此为契机，为自己争取另一对华表的归属权。而燕京大学校长司徒雷登以及国立北平图书馆建筑委员会委员长周诒春同在中基会任职，他们很可能为促成此事发挥了重要作用。

华表所在的圆明园安佑宫又名“鸿慈永祜”，为皇家祖祠，仿景山寿皇殿建造，是圆明园内规模最大、等级最高的一组建筑。这四座华表位于宫门南端琉璃牌坊前后，通体为汉白玉材质，由基座、柱身、承露盘三部分组成。其中，基座宽 1880 毫米、高 1240 毫米，为八方形须弥座形制；石柱胸围 3160 毫米、通高约 8000 毫米，满刻蟠龙云纹，上部横插石质云板，十分精美；石柱顶部为圆形承露盘，盘上各有一蹲兽，名为望天吼。望天吼两两配对，形态不一。从图 10-12、图 10-13 可知，燕京大学当时拆卸、组装华表费了不少工夫。这四座华表外观极为相似，但仔细观察柱身底部倒角存在一些细微差别。国立北平

图 10-11　华表在圆明园①

① 刘阳 . 西洋镜下的三山五园 [M]. 北京：中国摄影出版社，2017：46.

图 10-12　燕京大学员工在圆明园拆卸华表（耶鲁大学神学院图书馆　藏）

图 10-13　燕京大学校园内安装华表（耶鲁大学神学院图书馆　藏）

图 10-14　北京大学院内的华表

图书馆西华表、燕京大学南华表的柱身与基座连接方式相近，呈直棱形；国立北平图书馆东华表、燕京大学北华表的柱身与基座的连接方式相近，呈圆弧状。正因为此，华表错配之说一直在坊间流传。2020 年 11 月 11 日，北京大学微信公众号刊登“看似成双却并非一对？这样的北大华表你知道吗……”。文中提到了上述差别，指出燕京大学当年运往国立北平图书馆的那座华表在运送时阴差阳错，使得两处华表皆不成对。楼庆西先生在其《柱子》一书中，也提到上述不同，但他从两处华表顶部蹲兽两两配对，得出并未错配的结论。据笔者观察，除了底部倒角外，华表柱身纹饰也有细微差异。而在国立北平图书馆华表起运

图 10-15　国家图书馆文津街馆舍华表

清单中也未见蹲兽的记载，现在华表顶部的蹲兽是否是原配，缺少史料佐证。因此，仅凭现有资料以及已知的细微差异判定两处华表错配尚欠妥当，揭开谜底有待更多的史料发现，乃至三维扫描等科技手段的应用。

6. 国立北平图书馆记碑

国立北平图书馆新馆落成是当时文化界的一件大事。按照我国的传统，对这样的重大事件一定要撰文立碑，以告后人。文津街馆舍院内便有这样一块镌刻着国立北平图书馆建馆历史的石碑，被称为“国立北平图书馆记碑”。该碑基座面宽 1530 毫米、厚 560 毫米、高 880 毫米；碑体宽 1280 毫米、厚 325 毫米、高 3100 毫米；原位于院内大门西侧，20 世纪 80 年代末，迁到文津主楼东侧花园内。该碑碑文由时任国立北平图书馆馆长蔡元培撰文，著名语言文字学家钱玄同书写。碑文如下。

> 国立北平图书馆记：
>
> 国立北平图书馆者，教育部原有之国立北平图书馆与中华教育文化基金董事会自办之北平北海图书馆合组而成者也。旧隶教育部之国立北平图书馆，初名京师图书馆，成立于民国纪元前二年，馆址僦什刹海广化寺充之。民国二年，设分馆于宣武门外前青厂，未几，本馆停办，移贮图书于教育部。四年，部议以方家胡同前国子监南学房舍为馆址，筹备改组。六年一月开馆。十七年七月，更名曰国立北平图书馆。十八年一月，迁馆址于中海居仁堂。馆中藏有文津阁《四库全书》一部、唐人写经八千六百五十一卷，又有普通书十四万八千余册，善本书二万二千余册，明清舆图数百轴，及金石墨本数千通，均希世之珍也。顾以馆址无定，灾损堪虞。民国十四年，中华教育文化基金董事会成立，即有与教育部合组国立京师图书馆之议，而牵于政局，未能实现。董事会遂独立购置御马圈地，绘图设计，筹建新馆。同时在北海赁屋，组织北京图书馆，于十五年三月成立。迁都后，更名曰北平北海图书馆。三年以来，规模略具，共购

置中文书籍八万余册、西文书籍三万五千余册，分类编目，与各种书籍杂志索引之纂辑，均次第举行，出版事业亦已开始。此两馆未合并以前之略史也。新馆之建筑工程，实始于十八年三月。是年六月，董事会举行第五届年会，教育部重提两馆合组之议，经董事会通过仍用国立北平图书馆之名，而权以第一馆、第二馆别之。今兹新厦告成，乃合两者之所藏而萃于一馆焉。新馆之建筑，采取欧美最新之材料与结构，书库可容书五十万册，阅览室可容二百余人，而形式则仿吾国宫殿之旧，与北海之环境尤称。自兹以往，集两馆弘富之搜罗，鉴各国悠久之经验，逐渐进行，积久弥光，则所以便利学术研究而贡献于文化前途者，庸有既乎，爰志缘起，用勖将来。中华民国二十年六月二十五日。

碑文扼要记录了国立北平图书馆缘起、发展、合组以及馆舍的建设历程，是了解国家图书馆早期历史的重要实物遗存。据国家图书馆谢冬荣考证，国立北平图书馆馆记碑文最早完成镌刻的时间应是在馆舍建成两年以后。他判断的依据是钱玄同日记中有关为国立北平图书馆写碑的记载。在钱玄同写于 1931 年 6 月 12 日的日记中记到：

午后二时至琉璃厂购笔墨等。五—八时为圕（图书馆）写碑，上大下小，甚不惬意，拟告森玉重写之（实系写时屡有人来看看，使我心不安之故）。[1]

1933 年 6 月 20 日载：

下午在某海写蔡撰《北平圕（图书馆）记》。此文系两年前即应写成

① 钱玄同 . 钱玄同日记：第八卷 [M]. 福州：福建教育出版社，2002：4069.

刻成者，那时在孔德写，被沈麟伯所扰乱，写得太坏，说明重写。不意一搁便是两年，今日拟赶成之。但因精力不济，未能写完，明日上午续写可毕。两年前所写被江阴某氏要去，其字亦略有某氏之嫌疑，此次所写全不相像矣。①

第二天的日记记录到：

晴。上午至中海，写完某记。②

从钱玄同日记的记录可知，书写碑文一事是他的同乡，时任国立北平图书馆金石部主任徐森玉负责联系的，钱玄同用了两年时间才完成任务。在此过程中，一位不着急催，一位不着急写，倒也十分有趣。

其实这块石碑并非新碑，而是来自御园引见楼（圆明园山高水长）的一块旧碑，名为“训守冠服骑射碑”，也被周总理称作“下马必亡碑”。它是 1930 年由北平市公安局赠给国立北平图书馆的③。乾隆皇帝曾下令在紫禁城箭亭、御园引见楼、侍卫教场（今北京四中院内）、八旗教场（中南海紫光阁）各立一块“训守冠服骑射碑”，以此告诫后世子孙，不仅服饰语言要悉遵旧制，还要时时练习骑射以备武功。四块石碑中，紫禁城箭亭、八旗教场的石碑为卧式，而位于御园引见楼以及侍卫教场的石碑采用立式。图书馆保存的御园引见楼石碑与北京四中保存的侍卫教场石碑无论是碑体大小及式样，还是纹饰及内容都基本一致，但碑刻文字的排布方式却有差别。《日下旧闻考》记载：“山高水长，四十景之一也。额为皇上御书。左楹横碣上恭刊乾隆十七年上谕，详见国朝宗室。碑阴刊乾隆四十三年上谕，恭录卷内。”国立北平图书馆的这块石碑碑阴

---

① 钱玄同 . 钱玄同日记：第九卷［M］. 福州：福建教育出版社，2002：4821.

② 同①4822.

③ 国家图书馆档案室藏《国立北平图书馆馆讯》（民国十九年八月）。

（以镌刻馆记一面为阳面）用满汉两种文字镌刻了乾隆十七年上谕。碑文为：

乾隆十七年三月二十日上谕曰：朕恭阅太宗文皇帝实录，内载崇德元年十一月癸丑日，上御翔凤楼，集诸亲王、郡王、贝勒、固山额真、都察院官，命弘文院大臣读大金世宗本纪。上谕众曰：尔等审听之！世宗者，蒙古汉人诸国声名显著之贤君也。故当时后世咸称为小尧舜。朕披览此书，悉其梗概，殊觉心往神驰，耳目倍加明快，不胜叹赏。朕思金太祖、太宗法度详明，可垂久远。至熙宗合喇及完颜亮之世，尽废之，耽于酒色，盘乐无度，效汉人之陋习。世宗即位，奋图法祖，勤求治理，惟恐子孙仍效汉俗，豫为禁约，屡以无忘祖宗为训。衣服言语，悉遵旧制，时时习练骑射，以备武功。虽垂训如此，后世之君渐至懈废，忘其骑射。至于哀宗，社稷倾危，国遂灭亡。乃知凡为君者，耽于酒色，未有不亡者也。先世儒臣巴克什达海库尔禅屡劝朕改满洲衣冠，效汉人服饰制度。朕不从，辄以为朕不纳谏。朕设为比喻，如我等于此聚集宽衣大袖左佩矢、右挟弓，忽遇硕翁科罗巴图鲁劳萨挺身突入，我等能御之乎？若废骑射，宽衣大袖，待他人割肉而后食，与尚左手之人何以异耶？朕发此言，实为子孙万世之计也。在朕身岂有更变之理？恐日后子孙忘旧制废骑射以效汉俗，故常切此虑耳。我国士卒初有几何？因娴于骑射，所以野战则克，攻城则取，天下人称我兵曰立则不动摇，进则不回顾，威名震慑，莫与争锋。此番往征燕兵出边，我之兵威，竟为尔八大臣所累矣。故谕尔等，其谨识朕言。钦此。

朕每谨读圣谟，不胜钦凛感慕。深惟国家开创之时，我祖宗躬亲劳瘁，勤求治理，矩矱相传，罔敢渝越，以立万世之丕基。至于今咸受无疆之福者，皆仰遵明训所致也。我朝满洲先正遗风，自当永远遵循，守而勿替，是以朕常躬率八旗臣仆，行围较猎，时时以学习国语，熟练骑射，操演技勇，谆切训诲。无非率由旧章，期以传之奕禩，永绵福祚。

惟是我皇祖太宗圣训所垂，载在实录。若非刊刻宣示，则累朝相传之家法，外庭臣仆何由共悉？且自古显谟令典，多泐之金石，晓谕群工。我皇祖太宗之睿圣，特申诰诫，昭示来兹，益当敬勒贞珉，永垂法守。著于紫禁箭亭、御园引见楼及侍卫教场、八旗教场，各立碑刊刻，以昭朕绍述推广至意。俾我后世子孙臣庶，咸知旧制，敬谨遵循，学习骑射，娴熟国语，敦崇淳朴，屏去浮华，毋或稍有怠惰，式克钦承彝训。冀亿万世子孙共享无疆之庥焉。特谕。

但石碑上，并未见乾隆四十三年上谕内容：

乾隆四十三年五月二十八日奉上谕：朕恭阅太宗文皇帝实录，天聪四年二月，上谕群臣曰：昨攻取永平城，大臣阿山叶臣与猛士廿四人冒火奋力登城，乃我国第一等骁勇人也。其廿四人蒙上天眷佑，幸俱无恙。次日召伊等进见，朕心怆然，几不能忍。此等猛士与巴图鲁、萨木哈图及他处先登骁勇出众之人，前已有旨，后遇攻城，勿令再登。及攻昌黎县，萨木哈图又复与焉。以后此等捐躯建功之人，勿得再令攻城，但当在诸贝勒、固山额真左右，遇众对敌之时与之同进。若彼欲自攻城，亦当止之。即或厮卒中有一二次率先登城立功者，亦不可再令攻城，以示朕爱惜材勇之意。仰见我祖宗开创艰难，于战胜攻取时仁恩恤下，无微不至。是以人思感励，敌忾效忠，所向克捷。开疆定业，肇造鸿图，贻谋垂裕之道实在于是。朕临御以来，平定准部回部及荡平两金川，我旗营劲旅中鼓勇先登攻坚拔栅者固不乏人。即绿营中亦间有出众奋勉者，一经将军等具奏，即赏以巴图鲁号，用示奖励。而伊等倍加感奋，凡遇攻夺碉寨，仍复超众争先，以图报効。其间屡建功绩者固多，而因冒险伤殒者亦复不少，朕每为矜悯，尽然于怀。兹紬绎祖训，骁勇立功之人毋令再登，益敬服大圣人之用心，非孙臣所能见及也。今武功告蒇，函夏谧宁。继此不愿复有用兵之事。但兵可百年不用，不可一日不备。而谟训昭垂法良意美亦不可一日或忘。用是敬录圣谕，明白宣示我君臣，当其恪守以垂久远。且使我世世子孙懋继前规，勉思善述，以巩亿万载丕丕基。其钦承毋忽！

以此推断，图书馆当年应是将上述碑文抹掉，重新镌刻了《国立北平图书馆记》。这种做法现在看来有些匪夷所思。但在当时，因省时少费，却是司空见惯之事。

图 10-16 国立北平图书馆馆记碑

图 10-17　北京四中“训守冠服骑射碑”

二、白石桥馆舍的石质小品

与文津街馆舍相比，尽管白石桥馆舍的石质建筑小品的数量较少，但却见证了国家图书馆发展进程中的两个重要历史时刻。一个是 1999 年建馆 90 周年之际，“中国国家图书馆”石碑被树立在白石桥一期馆舍的正门外。另一个是 2009 年 9 月 9 日国家图书馆建馆百年时，百年国图赋石碑正式在白石桥二期馆舍亮相。

1. 中国国家图书馆石碑

自 1998 年 12 月 12 日起，北京图书馆正式更名为“国家图书馆”，对外使用“中国国家图书馆”这一名称。国家图书馆在历史上曾用“京师图书馆”“国立京师图书馆”“国立北平图书馆”“北京图书馆”等名。虽然一直履行国家图书馆的职能，但这还是第一次从机构名称上直接体现国家图书馆的荣耀地位。为纪念这一重大历史事件，国家图书馆决定在白石桥一期馆舍制做“中国国家图书馆”石碑。此时，举世瞩目的国家大剧院工程正在设计当中。在时任文化部副部长艾青春的帮助下，承担国家大剧院设计任务的国际建筑设计大师保罗·安德鲁（Paul Andreu）为国家图书馆石碑进行了概念设计：①选择一位在中国受人敬仰、家喻户晓的作家、书法家、诗人或哲学家；②从其出生地寻找或从该地悬崖上切割一块自然的长形岩石，其长度在 7 米以上、高度 2 至 3 米、宽度 1 至 2 米，石块不规则的外形根据石料性质决定，最佳的选择为一块不带棱角，几何形状又不规则的花岗岩；③这块岩石安放在一块略微凸起的绿地上，给人以浑然天成的感觉。绿地上可种植普通的树木花草，能种岩石产地的草木则更佳；④石碑上的文字用作者同时代或大众能看懂的字体或书法刻在岩石表层，字应刻得深些，但无须油漆；⑤在岩石旁立一块说明牌介绍岩石的来源，等等。国家图书馆基本忠实地实施了保罗·安德鲁的方案，巨型不规则花岗岩 12.4 米长、2.3 米高、1.6 米厚，采自山东泰山，岩石上镌刻的“中国国家图书馆”七个大字由时任国家主席江泽民书写。1999 年 9 月 9 日，在国家图书馆建馆 90 周年纪念日上，国务院总理李鹏为中国国家图书馆石碑揭幕。

图 10-18　保罗 · 安德鲁为中国国家图书馆石碑设计手绘稿（国家图书馆基建档案）

图 10-19　中国国家图书馆石碑

2. 百年国图赋石碑

2009 年，为纪念和庆祝国家图书馆建馆百年，国家图书馆馆长詹福瑞以中国传统辞赋形式创作了 584 字的《百年国图赋》，并由雕刻家将其雕刻在一块重达 40 吨的泰山石上，屹立于国家图书馆白石桥二期馆舍东南侧。这是百年来国家图书馆第一块“馆赋石”，诗文记载了国家图书馆百年发展历程：

河出昆仑，九曲望洋，中华文明，源远流长。鸟迹代绳，传文字始炳；三坟五典，实渺邈难详。殷之先人，有册有典，甲骨出矣；周之文武，礼兴乐作，人文彰焉。汉置石渠，集六艺之珍；唐设弘文，收四部之藏。然皆御苑金匮，秘府玉牒，禁不示人，世所罕习焉。暨乎清末，立宪维新，乃建京师图书之馆，广士子知识学术之门；民国多艰，星分畛域，仍筑文津新址之基，开民众科学民主之窗。斗转星移，巨变沧桑；国势日盛，文运益昌。国图事业，烨烨煌煌。临白石耸朱甍而凤翥，倚紫竹起云构而鸾翔。揽四海栋梁之才，俊彦云蒸；聚八维思想之火，智慧霞光。收百世之阙文，采千载之遗章。凡中文而必录，择西籍而振芳。

图 10-20　国家图书馆百年馆赋石碑

乃有永乐残典，赵城金藏，文津四库，劫余敦煌，名人手泽，摇篮洋装。成文章之林府，汇信息之琳琅。于是部分经史，遵向歆而编次；篇类丙丁，俾中外而同纲。稽古揆今，考孔老之正义；存真辨伪，校鲁鱼之相仿。服务政府，为立法决策咨询；惠及学林，整文献资源共享。最是服务大众，不分贵贱，无论少长；不分地域，无论城乡；不分国别，无论域疆。南来北往，如云飞云散，熙熙攘攘。日升月降，似潮落潮涨，浩浩荡荡。其日之接待读者，何以万计。乃有开架借阅，集青衿之侣；沙龙杏坛，延鸿儒之讲。数字资源，借网络而群发；虚拟参考，凭卫星而越洋。或春花灿然，或夏雨临窗，或秋风乍起，或冬雪飞扬，伫中区以玄览，临书山而徜徉。神遇奇文而抃舞，心逢妙理而朗畅。当其时也，不知今夕是何夕，此身在何乡耶。塑人魂，若春风化雨，润物无声；启民智，若熹光初照，群类熙康。以是知民之有国图，乃民之幸也；国之有国图，乃国之祥也。国图之血脉，固与民与国共流淌也。乘国势，倚民生，方得文运与天地同其久长也。

这些石质建筑小品，无论外来、还是自制，经过时间洗礼，都已成为国家图书馆馆舍的重要组成部分，受到广大读者以及图书馆员的喜爱。它们不仅见证了国家图书馆事业的发展，也见证了成千上万到馆读者的成长，成为广大读者以及图书馆员的共同记忆。图书馆应像爱护馆藏文献一样，妥善保护好这些精美的园林小品。

参考文献

[1] 北京图书馆 . 北京图书馆第二年度报告 [R]. 北京：北京图书馆，1928.

[2] 北京图书馆 . 北京图书馆第三年度报告 [R]. 北京：北京图书馆，1929.

[3] 北京图书馆 . 北京图书馆第一年度报告 [M]. 北京：北京图书馆，1927.

[4] 北京图书馆业务研究委员会 . 北京图书馆馆史资料汇编（1909—1949）[M]. 北京：书目文献出版社，1992.

[5] 北京图书馆馆史资料汇编（二）编辑委员会 . 北京图书馆馆史资料汇编（二）（1949—1966）[M]. 北京：北京图书馆出版社，1997.

[6] 北平图书馆增建新闻阅览室 [N]. 北京：世界日报，1935-02-13（7）.

[7] 北平图书馆昨正式开馆 [N]. 北京：华北日报，1931-07-02（6）.

[8] 曹育 . 中华教育文化基金董事会与中国现代科学的早期发展 [J]. 自然辩证法通讯，1991（3）：33.

[9] 程焕文 . 百年沧桑　世纪华章：20 世纪中国图书馆事业回顾与展望 [J]. 图书馆建设，2004（6）：1-8.

[10] 从“书的图书馆”到“人的图书馆”：赫尔辛基中央图书馆给予我们的启示 [J]. 国家图书馆学刊，2019（5）：93-97.

[11] 邓云乡 . 文化古城旧事 [M]. 北京：中华书局，2015.

[12] 丁志刚 . 缅怀宋养初同志为筹建北图新馆历尽心劳 [J]. 图书馆学通讯，1988（4）：68-69.

[13] 东南大学研究所 . 杨廷宝建筑言论选集 [M]. 北京：学术书刊出版社，1989：82.

[14] 二千来宾参加北平图书馆落成典礼 [N]. 北京：京报，1931-06-26（3）.

[15] 冯纪忠 . 建筑人生：冯纪忠自述 [M]. 北京：东方出版社，2010：188-189.

[16] 傅朝卿 . 中国古典式样新建筑：二十世纪中国新建筑官制化的历史研究 [M]. 台北：南天书局，1993.

[17] 国家图书馆与北京市公园管理中心签订战略合作协议 [EB/OL]. [2020-09-29]. https://baijiahao.baidu.com/s?id=1678804024829353115&wfr=spider&for=pc.

[18] 国家图书馆总馆南区建成开馆 30 周年座谈会隆重举行 [EB/OL]. [2020-10-12]. http://www.nlc.cn/dsb_zx/gtxw/201710/t20171012_159310.htm.

[19] 国立北平图书馆 . 国立北平图书馆馆务报告（民国十九年七月至民国二十年六月）[M]. 北平：国立北平图书馆，1931.

[20] 胡建平 . 国家图书馆一期馆舍建筑设计之路 [J]. 建筑学报，2017（12）：81-87.

[21] 金富军 . 周诒春图传 [M]. 北京：清华大学出版社，2019.

[22] 金沛霖 . 首都图书馆馆史 [M]. 北京：北京市文化局；首都图书馆，1995.

[23] 赖德霖，伍江，徐苏斌，等 . 中国近代建筑史：第三卷 [M]. 北京：中国建筑工业出版社，2016.

[24] 赖德霖，伍江，徐苏斌，等 . 中国近代建筑史：第四卷 [M]. 北京：中国建筑工业出版社，2016.

[25] 李家荣，朱南，李以娣，等 . 北京图书馆新馆建设资料选编 [M]. 北京：书目文献出版社，1992.

[26] 李彤 . 话说“书城”：访北京图书馆新馆总建筑师杨芸 [N]. 人民日报，1987-07-04（8）.

[27] 李希泌，王树伟 . 北京图书馆 [M]. 北京：北京出版社，1957.

[28] 李致忠 . 中国国家图书馆百年纪事 [M]. 北京：国家图书馆出版社，2009.

[29] 李致忠 . 中国国家图书馆馆史（1909—2009）[M]. 北京：国家图书馆出版社，2009.

[30] 李致忠 . 中国国家图书馆馆史 [M]. 北京：国家图书馆出版社，2009.

[31] 李致忠 . 中国国家图书馆馆史资料长编 [M]. 北京：国家图书馆出版社，2009.

[32] 李致忠 . 中华教育文化基金董事会与国立京师图书馆 [J]. 国家图书馆学刊，2008（1）：6-10.
[33] 联合国教科文组织 . 公共图书馆宣言 [J]. 图书馆学刊，1996（6）：41-45.
[34] 梁启超 . 梁启超家书 [M]. 天津：百花文艺出版社，2017.
[35] 梁思成 . 梁思成全集：第六卷 [M]. 北京：中国建筑工业出版社，2001.
[36] 廖昕 . 国家图书馆二期工程暨国家数字图书馆工程 [J]. 建筑学报，2008（10）：28-35.
[37] 林峥 . 北海公园：现代美育空间的建构 [J]. 北京观察，2016（9）：74.
[38] 鲁迅 . 鲁迅日记：上卷 [M]. 北京：人民文学出版社，1976.
[39] 吕章申 . 中国国家博物馆百年简史 [M]. 北京：中华书局，2012.
[40] 毛泽英、邵智玲 ."东方泱泱大国的气度"：访北京图书馆设计方案总负责人黄克武 [N]. 北京日报，1987-09-04（2）.
[41] 钱玄同 . 钱玄同日记：第八卷 [M]. 福州：福建教育出版社，2002.
[42] 钱玄同 . 钱玄同日记：第九卷 [M]. 福州：福建教育出版社，2002.
[43] 清高宗御制诗文全集：第四册 [M]. 台北：故宫博物馆，1976.
[44] 饶权 . 现代图书馆越来越"智慧"[N]. 北京：人民日报，2020-11-13（20）.
[45] 饶权 . 中国图书馆事业的历史经验与转型发展 [J]. 中国图书馆学报，2019（12）：62-67.
[46] 人民群众满意是我们最大的幸福：记沈红梅和她的嘉兴市图书馆团队 [EB/OL]. [2020-12-14]. https://www.sohu.com/a/438481999_100011200.
[47] 王世伟 . 关于公共图书馆文旅深度融合的思考 [J]. 图书馆，2019（2）：1-6.
[48] 王余光 . 清末民国图书馆史料汇编：第 6 册 [M]. 北京：国家图书馆出版社，2014.
[49] 吴建中，程焕文，等 . 开放　包容　共享：新时代图书馆空间再造的榜样：芬兰赫尔辛基中央图书馆开馆专家访谈 [J]. 图书馆杂志，2019（1）：4-12.
[50] 吴建中 . 拓展图书馆作为社会公共空间的功能 [J]. 公共图书馆，2011（1）：3-5.
[51] 吴建中 . 走向第三代图书馆 [J]. 图书馆杂志，2016（6）：4-9.
[52] 肖希明 . 图书馆作为公共文化空间的价值 [J]. 图书馆论坛，2011（9）：15-26.

[53] 徐自强 . 新馆建设中的规划工作 [J]. 北京图书馆通讯，1987（3）：11-13.

[54] 炎天烈日下北平图书馆行落成礼 [N]. 天津：益世报，1931-06-26（6）.

[55] 张镈 . 我的建筑创作道路 [M]. 北京：中国建筑工业出版社，1994.

[56] 中共中央关于制定国民经济和社会发展第十四个五年规划和二〇三五年远景目标的建议 [EB/OL]. [2020-11-04].http://cpc.people.com.cn/n1/2020/1104/c64094-31917780.html.

[57] 中华教育文化基金董事会 . 中华教育文化基金董事会第二次报告 [R]. 北京：中华教育文化基金董事会，1927.

[58] 中华教育文化基金董事会 . 中华教育文化基金董事会第一次报告 [R]. 北京，1926.

[59] 庄俞 . 我一游记 [M]. 上海：商务印书馆，1936.

[60] Metropolitan Library. Metropolitan Library Competition[M]. Tientsin-Peking：Peiyang Press，1928.

后　记

本书既是对国家图书馆馆舍变迁历程的系统梳理，也是一名普通图书馆员20年工作生活的扼要记录。

我2003年大学毕业，在“非典”疫情得到控制的初夏入职国家图书馆，一直从事工程建设管理工作。刚进入基建部门时，正好赶上白石桥馆区二期新馆建设。在该项目中，我主要跟着高岩、张泽林两位前辈学习，参与方案报审、设计及施工管理工作。2006年，我开始独立负责具体项目，但第一个项目便出师不利：由于在二期新馆电梯采购招标文件中设置了不少废标条款，导致第一轮投标入围供货商不足三家而直接流标。为了弥补过失，确定供货商后，我从馆藏文献中选取荀子《劝学篇》等经典篇章用于电梯内部装饰，获得了读者的好评。此后，我又独立完成与二期馆舍配套的冷冻站房、锅炉站房项目，并在高岩离职后，作为技术牵头人完成了二期新馆建设收尾、竣工验收等相关工作。2009年，国家图书馆迎来百年华诞，我具体负责文津街馆区的基建项目。建设员工食堂、古籍保护实验室；装修部级领导干部讲座接待室；为文津楼增设安防、消防设备；将一处废弃的厨房改造成雕版博物馆……这些项目规模虽然不大，但给我工作的发挥空间却不小，我也在这处美丽的院子里度过了充实而又愉快的一年。2010年，我回到白石桥馆区负责一期馆舍维修改造工程技术工作。在崔愷先生的主持下，此次维修改造工程作了一系列细致入微的更新，在保留原有空间架构、色彩体系、经典元素等的基础上，这些老建筑不仅被赋予了新的功能，而且整体品质也有了进一步提升。2014年9月，一期馆舍重新对外开放。之后，我又开始参与国家图书馆国家文献战略储备库项目的筹建工作。在2021年10月，我又着手推进北平图书馆旧址修缮项目。

近二十年的图书馆基建管理实践让我深深地喜欢上了这份工作，同时也对国家图书馆既有建筑的建设历程产生了浓厚兴趣并为此想要了解前辈们为之付出了多少艰辛努力。工作之余，我开始分步骤地收集、整理和研究相关史料。在白石桥馆区一期馆舍建设资料整理工作中，先后采访了吴良镛、黄克武、侯一民等多位当事人，收集到了杨廷宝先生的工作笔记等多件手稿，并推动了有关该馆舍建设的口述史项目的开展。在文津街馆区建设资料研究工作中，发现20世纪30年代建成的文津楼除了得到中华教育文化基金董事会资金支持外，来自协和医学院的顾临（R. S Greene）、安那（Conrad W. Anner），中国营造学社的朱启钤，以及周诒春、戴志骞等人都为本项目的建设做出了重要贡献。2019年，在上述两项成果的基础上，我以“国家图书馆馆舍变迁”为题申报了馆内科研课题。2020年席卷全球的新冠疫情改变了人们的生活和工作方式，我利用居家办公的充裕时间，由点到线，完成了课题研究工作。在林世田、赵文友等多位同事的鼓励下，又对课题成果做了适量增补并辑成书稿。原计划赶在2021年出版，以纪念文津街馆区落成90周年。但因本人拖沓，致使出版计划一再延后，直到新冠疫情政策全面放开后的2023年春节假期，才重拾文稿继续修订。

此书出版要感谢许多人的帮助，同年入职的林俊飞、北海公园的张冕等朋友向我提供了不少珍贵的资料；同事李家云、建筑师梁丰帮助我整理了部分图纸；还有责编张颀老师为本书出力颇多，且对我的拖沓一再包容。也要感谢我的家人，妻子参与了本书第二、第三部分的组稿，并在居家工作期间承担了大部分家务；女儿在我毫无头绪时，也会钻进我怀里帮我敲几个字，这些默默地支持让我身心俱暖，不忍放弃；还有年逾花甲的父母，是他们在我大学毕业为择业举棋不定时，鼓励我北上入职国家图书馆。这份工作虽然清贫，但乐趣蛮多。我相信图书馆员是一份可以让我坚守一生的职业。我得撸起袖子继续加油，开始下一个20年。

下一个20年，馆舍空间将成为图书馆的一项根本性资源，它将与信息资源形成双引擎，共同推动图书馆事业高质量发展。图书馆基建工作者将大有可为；下一个20年，我会在国家图书馆，立足现有的优质馆舍空间资源，运用新理念、新技术，通过精细化更新、艺术化塑造，进一步提升馆舍空间品质，进一步增强读者到馆体验；下一个20年，我会在国家图书馆，认真履行国家文献信息战略保存法定职责，一方面推动国家图书馆国家文献战略储备库项目尽快开工建设，一方面在北京市郊策划建设大型仓储库房，存放低流通文献，为现有馆舍存放高流通文献腾挪空间，以此构建安全可靠、布局合理的国家文献信息战略保存重要支系；下一个20年，国家图书馆也将与各图书馆携手，共同做大做强图书馆IP，进一步打破馆舍空间禁锢，走进景点、社区……让图书馆拥有更广阔的平台，更好地服务百姓、服务社会。

由于本人学养不足，史料研究也不够深入，书稿难免有不妥之处。恳请方家不吝赐教。不胜感激！

胡建平

2021年2月21日初稿

2023年2月1日修改